# 重複レジームと気候変動交渉：米中対立から協調、そして「パリ協定」へ

**The Formation of Complementary Relationships among Overlapping Regimes: Negotiations on Climate Change, U.S.-China Relations, and the Paris Agreement**

鄭　方婷
チェン　ファンティン

現代図書

# 目　次

## 第一章
## 序論：相互補完的な重複レジームはなぜ可能なのか



## 第二章
## 重複レジーム間の相互補完関係の形成に関する理論的考察

## 第三章
## コペンハーゲン会議に向けた重複関係の発展



## 第四章
## 「ポスト京都議定書」をめぐる国際交渉の発展

## 第五章
## 「パリ協定」の採択に至る経緯

## 第六章 米中協力関係の形成と国際合意

## 第七章
## 結論：国際制度の形成と米中関係

図表目次

# 第一章

# 序論：相互補完的な重複レジームはなぜ可能なのか

## 一．重複レジームの中の気候変動交渉

冷戦終結後、気候変動問題が新たな地球規模の環境問題として浮上した。1992年、国際連合気候変動枠組条約（The United Nations Framework Convention on Climate Change、略称UNFCCC）が採択され、深刻化する気候変動の緩和を目的とした多国間協力体制の構築に向けた動きが開始した。しかし、多国間協力体制の構築が順調に進んだわけではない。5年後の1997年12月に「京都議定書」（The Kyoto Protocol）が国連で採択されたが、その後、議定書の運用細則を巡って締約国間の強い利害対立が解消できず、議定書の発効条件が満たされるまでに8年という長い年月を要した。さらに当時、世界最大の温室効果ガス排出国であった米国が、京都議定書の運用ルールを取り決める交渉の最中に京都議定書からの「離脱」（批准しない方針の発表）を決定した。その背景には、自国の経済的損失だけでなく、中国やインドなどの経済新興国が温室効果ガス排出削減義務を負わないことに対する不満があったとされる。米国の離脱を機に京都議定書の有効性を疑問視する声が強まるなど、UNFCCCが受けた衝撃は小さくなかった。

その後、京都議定書は米国不在のまま発効し、気候変動問題では初の国家間協力枠組となった。しかし、京都議定書は気候変動に対応するための国家間枠組としては不完全であったとの指摘が根強くある。その理由は、気候変動という問題領域自体の複雑性と、主に先進国と新興国という構図の主要排出国間の

対立によって、結果的にUNFCCCでの議論が紛糾し、京都議定書の掲げた目標を達成できなかったからである。また、京都議定書は2012年末に第一約束期間の満期を迎え、これまで、国連では京都議定書満期後の国際制度、いわゆる「ポスト京都議定書」の最終合意案が締約国により模索されてきた。

UNFCCCの混乱を受け、京都議定書発効後、各締約国が国連の枠組に加え、様々な多国間協議や制度を構築し、気候変動への対応を目指す動きが活発化した。その結果、国連を含め、関連する分野で別々の制度や枠組が登場したり、同一のテーマを重複して扱う制度や枠組が登場している。果たして、このような複雑な状況は、気候変動問題をめぐる国際関係に何をもたらしているのであろうか。本書はこの動向を、「レジーム・コンプレックス」の概念ならびにこれに関連する概念を利用して分析する。レジーム・コンプレックス（すなわちレジームの複合体）とは、コヘイン（Robert O. Keohane）とヴィクター（David G. Victor）が定義した概念であり、数多くの国際レジームが「部分的に重複しながら非階層的な関係が存在する状況」を指す。さらにレジーム・コンプレックスは複数の国際レジームや制度間の並存に関して、「入れ子」（nested）、「並立」（parallel）、「重複」（overlapping）という三つの概念を包含している。気候変動分野における様々な国際レジームは、レジーム・コンプレックスの下で並存し、互いに重複している状況にあると指摘された[1]。

## 二. 競合関係を越えた国連とその他のレジーム

一般的には、重複領域を持つレジームの間では互いに競合関係を生じやすく、これが激化して協力体制の有効性が低下すると言われている。競合関係を生じる背景として指摘されているのが「フォーラム・ショッピング」（forum-shopping）や「レジーム・シフティング」（regime-shifting）などの行動様式である。フォーラム・ショッピングとは、国家が存在する複数の国際レジームから自らの利益と都合にとって有利なものを選択し、自国の目標を達成することである。一方、レジーム・シフティングは、既存の国際ルールの構造を再構築することであり、不満を抱く国家は並行するその他のレジームを利用し、現行のものと対抗するための新たなルール作りを遂行することを目的とする[2)]。すなわち、参加国の不満からレジーム間の競合関係が生成されるというのであるが、たしかに、気候変動問題においてもこのような状態が見られる。

しかし、フォーラム・ショッピングやレジーム・シフティングのみでこれまでの国連交渉であるポスト京都議定書の制度構築過程を説明できるのであろうか。国連の合意文書と国連外の多国間対話や協力の結果、2009年のコペンハーゲン会議（UNFCCCの第15回締約国会議）以降、国連とその他の国際レジームの間には、競合関係以外に相互補完関係が生まれているように見える。

第一に、国連外で多くの国際レジームが立ち上げられたが、UNFCCCでの交渉が依然、国際制度を構築するための正式な場として位置づけられていることである[3)]。国連の機能については多くの論者が懐疑的な見方をしているが、現在でもUNFCCCは気候変動問題の中核的国際レジームとして受け入れられている[4)]。第二に、UNFCCCではポスト京都議定書の制度構築に関し、国連外のレジームにおける協議の結果を盛り込んだ、様々な具体案が合意されていることに着目すべきである。温室効果ガスの排出削減に取り組む緩和策（mitigation）のみならず、気候変動の負の影響に対する適応策（adaptation）に関してもUNFCCCでの正式決定がなされた。第三に、国連外レジームでの協力関係が反映されることもあり、UNFCCCにおける主要国間の対立は必ずしも悪化しているわけではない。米国と中国を含む主要経済国・排出国は二国間ないし多国間協力関係を推進しながらも、UNFCCCの枠内で合意を目指している。国連外で主要国間の多国間交渉が進展しているという側面もまた重視すべきであろう。

本書の主張は、レジーム・コンプレックスの下では、一定の条件の下で、競合関係に加え、「重複レジーム間における相互補完関係が生成」する可能性があるというものである。その条件の一つ目は、レジーム・コンプレックスに方向性を与える概念なり考え方が関係国で共有されるようになるということであり、第二の条件として、そのような方向性に向けて主要大国が自国の認識や行動を変化させ、決定的な役割を果たすことである。しばしば指摘されるように、気候変動問題には「長期性」[5]、「越境性」[6]、「不確実性」[7]という特性があるため、国家間の利害関係の対立は状況によって変化しうるのである。レジーム・コンプレックスが形成される過程で、主要大国が問題解決のために利害の不一致を緩和し、様々な対応策に実効的に取り組むことができれば、重複レジーム間で相互補完関係が生まれ、長期的には協力的な合意への道が動き出す可能性がある。本書の目的とするところは、このような協力に向かうプロセスが現実に発生しているのかどうかを検証することである。また、この仮説が成立するのであれば、気候変動問題における主要大国が米国と中国である場合、両国の間で信頼が醸成されたことや、多くの争点について共通の認識が形成され、さらには両国間の利害調整が実現した背景について、本書で答えを探っていく。

以上述べてきたように、本書では、レジーム・コンプレックスの概念と気候変動問題におけるレジーム・コンプレックスの形成と拡大について整理した後、レジーム・コンプレックス及びその包含する入れ子、並立、重複という三つの概念を用いて、レジーム・コンプレックスの下における国際レジーム間の競合と相互補完関係の形成、更にその影響について考察する。

## 三．本書の構成

本書では気候変動国際交渉の政治過程を通じ、重複領域を持つレジーム間の相互補完関係の形成について、下記六つの章にわたる議論によって検証する。以下、各章について説明する。

第二章では、国際レジームの並存に関する従来の議論を整理し、レジーム・コンプレックスという概念の気候変動国際レジームの現状分析に対する有用性を述べる。次いで既存の理論的視点を修正し、「重複するレジーム間の相互補完関係は多角的な対処手法の共有と主要大国による決定的な役割に基づいて形成されうる」という仮説を提示し、「気候変動のレジーム・コンプレックス」論における問題点を修正する。

第三章では、国連内外の多国間協議と成果文書の分析に基づき、第一の時期(コペンハーゲン会議前)に主要経済国・排出国が抱く懸念に着目し交渉を分析する。主要経済国・排出国は激しい利害対立を乗り越え、協議と対話などを通じて多様な取り組みを訴えるようになったが、米国によるフォーラム・ショッピングやレジーム・シフティングが多くの途上国に不信感を与えた。これが原因で、主要経済国・排出国の間ではポスト京都議定書を巡り依然として軋轢が続くことになった。無論、国連外における国際交渉では、経済新興国と、米国をはじめとする先進国との情報交換と直接対話が促されたが、相互理解と信頼の欠如を払拭できずにいた。第一の時期以降にも、国別情報の更なる開示及び多国間協議と対話の実施が引き続き求められる。

第四章及び第五章では、国連内外の協議体制間における相互作用に焦点を当て、ポスト京都議定書の国連交渉の政治過程とその成果を分析する。第二の時期(コペンハーゲン会議以降)において、国連外で行われる多数の協議が国連交渉の目的と内容と重複しながらも国連での合意の採択に大きな影響を及ぼしたことに注目し、UNFCCC とそれ以外の交渉体制の相互作用を考察する。特に、主要経済国・排出国を主体とした多国間や地域内の多国間協議で示された方針と手法は、二つの点で国連決定との整合性が取れていることが観察された。一つは、緩和策の推進に主眼が置かれてきた状態から、適応策が国連交渉の主軸の一つとして浮上したことである。緩和策をめぐる国際交渉が難航する中で、適応策の実施に必要な資金提供メカニズムの設置などに関する多国間枠組については、より具体的な合意が得られたのである。もう一つは、緩和策をめぐる国際合意の達成である。緩和策の策定においては、国際交渉と多国間協力の枠組作りが大きな政治的困難を克服し、第二の時期に国別排出削減目標の自主的設定、MRV 制度の立ち上げ、そして、すべての締約国に適用される将来的な枠組構築への受け入れなどが合意に至った。多国間協議によって、主要国間に存在する強い不信感の緩和と協議国間の信頼関係の修復などが促進されたことに対する影響と、全体の国際合意に対する寄与について分析する。

第六章では、国際協力を促す上で最重要国である米中二国間の戦略的協力が、

UNFCCCにおけるポスト京都議定書の枠組構築に与えた影響を考察する。気候変動問題をめぐって、米中は対立ののちに関係を持ち直し、UNFCCCやその他の多国間協議と重複しながらも、国際協力枠組の構築への貢献度が高まった。多国間協力によってより柔軟な取り組みが可能となったことを、気候変動や環境問題の解決に対する共通の認識を醸成し、国連内外での国際交渉の具体的な進展を成し遂げた米中二国間協力の事例を通じて理解する。

第七章では結論として、本書におけるレジーム・コンプレックスに関する理論の妥当性を、UNFCCCとその他多国間協議の国際交渉過程、更に米中二国間協力関係の発展という二つの事例研究を踏まえて評価する。また、本理論のインプリケーションを考察し、今後の研究課題について述べる。

注

1） Kal Raustiala and David G. Victor. (2004). “The Regime Complex for Plant Genetic Resources,” *International Organizations* 58: 277-309; Karen J. Alter and Sophie Meunier. (2009). “The Politics of International Regime Complexity,” *Perspectives on Politics* 7: 13-24. また、山本は「レジームの複合体（regime complex）には、クラスター型（clustered）、入れ子型（nested）、交差型（overlapped）などいくつかのものがある」と指摘した。山本吉宣（2008）『国際レジームとガバナンス』有斐閣、161頁。

2） Karen J. Alter and Sophie Meunier. (2009). pp.16-17.

3） 少数の主権国家のみによって気候変動に対処しようとしてもその有効性が疑問視されるなかで、現行の国連内外の交渉ではすべての主要経済国（排出国）による国際協力制度の構築が求められるようになった。Decision 1/CP.17, “Establishment of an Ad Hoc Working Group on the Durban Platform for Enhanced Action,” FCCC/CP/2011/9/Add.1, UNFCCC, March 15, 2012, pp.2-3.

4） Robert O. Keohane and David G. Victor. (2010). “The Regime Complex for Climate Change,” Discussion Paper 2010-33, Cambridge, Massachusetts: Harvard Project on International Climate Agreements.

5） 長期性（cross-generation）とは、二つの事象の因果関係を明確にするために長期の観測が必要とされる性質を指す。現在の人類の活動と、現在起こっている環境の変化を即時に関連づけることができたとしても、環境の変化を観測するには長い時間が必要である。気候変動問題で言えば、現在の大気中のGHGs濃度の増加が気温の上昇を引き起こしていることが実証されたとしても、異常気象の発生頻度など、結果の観察には長い時間がかかるため、喫緊の気候変動政策には反映しづらいのである。

6）越境性（cross-boundary）とは、環境悪化の原因と結果の発生が必ずしも地理的に一致しておらず、またその拡大も一国の国境内に留まらない性質である。越境性は古典的な安全保障分野にはないが、環境問題には伴うことが多い。例えば、どの国の家庭用電気製品等にも使用されていたフロンガスは、国境を超えて大気中に拡散し、オゾン層を破壊した。当然、フロンガスの使用量は少ないがオゾン層破壊による被害を受ける国と、逆にフロンガスを大量に使用しているが被害は少ない国、というように多様な被害パターンが生じる。また、大規模な森林破壊行為は、現地の土壌流出、土砂災害、洪水など局地的な自然災害だけでなく、世界全体の$CO_2$吸収量と酸素（$O_2$）排出量のアンバランス、生物多様性の縮小など、全人類にとって損失を引き起こすことが予想される。

7）不確実性（uncertainty）とは、科学的証拠の限界のため、人類が自然現象の変化と因果関係を認知できる精度と範囲が限定されているという性質である。因果関係についての知識が限定されていることにより、現在の状況から将来を予測することも困難である。気候変動の原因、具体的な影響とその程度及び範囲について、すべて正確に把握することはほぼ不可能である。高い不確実性によって、気候政策の決定はその他の要因に左右されやすくなる。逆に言えば、予測の確実性が高いほど政策面での対応がより明確になる。

# 第二章

# 重複レジーム間の相互補完関係の形成に関する理論的考察

## はじめに

現代の国際政治においては国家の利益が多様化し、単なる権力の最大化を重視するリアリズムに基づいた古典的な軍事力や外交力の行使のみでは国際社会の難題に対応できない場合が多い。例えば、地球環境や生態系の破壊という地球規模問題の管理に関して、1、2カ国のみの対応では問題を解決に導くことはできない。従って国家間では、異なる国益のなかから共通利益の最大化を図るため、様々な規則ないし組織からなる国際制度、いわゆる国際レジームを創出して問題に対処するようになった。

1992年6月、ブラジルのリオ・デ・ジャネイロにおいて環境と開発に関する国連会議（The United Nations Conference on Environment and Development、略称UNCED、通称：地球サミット）が開催された。地球サミットでは「環境と開発に関するリオ宣言」を含む、環境に関する国際条約が数多く採択され、地球規模の環境管理に関する新たな規範体系である「リオ・モデル」[8]が形成された。またUNFCCCが締結され、気候変動問題では初の地球規模の協力枠組となった。同条約は1992年6月から155カ国の各締約国での批准を経て、1994年3月21日に正式発効した。

UNFCCCの正式発効から3年後の1997年、UNFCCCの下で初の法的拘束力のある国際レジームとなる京都議定書が採択され、欧州連合、日本、米国を含む付属書Ⅰ国[9]（Annex I Parties、先進工業国及び中東欧・旧ソ連諸国）に対して温室効果ガス(Greenhouse gases、略称 $GHG_S$)の排出削減義務が課された。排出量の多い中国をはじめ、途上国には排出削減義務が課されていない。この点が後に問題となり、結局、京都議定書は2001年に米国の離脱と、排出削減目標の設定に対する中国やインド等主要排出国の拒絶、そしてポスト京都議定書を巡っても制度作りから国際交渉が行き詰まるなど、UNFCCCの下での国際合意の見通しが立たない状況が続いた。この背景には、気候変動問題が持つ長期性と不確実性のため国ごとに目指す国益が異なり、また締約国にとって金融や貿易分野のように絶対的利益を短期的に生み出すことが容易ではなかったことがあると考えられる。

気候変動交渉を前進させるために、既存の国際レジームはもちろんのこと、近年、複数の新たな多国間協議が発足し議論が進められており、気候変動問題への対処には数多くの国際レジームや国際機関が関わるようになった。また、気候変動の深刻化や大規模自然災害の発生への対応などは、異なる分野に属する国際機関や多国間協力制度の下で行われている。気候変動に関わる国際制度が様々な分野で並存する状態となっているのである。以下、こうした状態を形態別に分析し、その特徴を考察する。

## 一. 「レジーム・コンプレックス」とその形態 ──「入れ子」、「並立」、「重複」

レジーム・コンプレックスとは、単一の問題領域において複数の国際レジームが権限を持つ状態である。複数の国際レジームが存在する理由としては、まず問題領域自体の複雑さによって、単一の国際レジームがすべての課題に対応する専門的能力を揃えにくいことが挙げられる。もう一つは、錯綜する利害対立の中で、単一の国際レジームでは諸国家を満足させることが困難だからである。国家は自国に有利なレジームを用いて交渉に臨み、複数のレジームの下で問題領域を相互に関連付けようとするため、一つの問題領域に対し複数のレジームが関与することになり、その結果、レジームの並存が常態化している。

気候変動も問題領域の複雑さゆえ、数多くの国際レジームが権限を与えられるようになってきている。本書では、レジーム・コンプレックスに含まれる重要な形態である入れ子、並立、重複によって、様々な国際レジーム間の並存関係を明らかにする。

## (一) 形態一：入れ子

入れ子(nested)とは、国際レジーム間に明白な法的階層関係が存在し、集権的な構造の下で意思決定がなされる形態である[10)]。レジーム間では最終的な意思決定を行う権威の所在が明白で、下位レジームは上位レジームにおける中心的な機構に従うことが合意されている。一見異なる国際レジームの下で合意された政策も、最終的には上位レジームによって互いに整合性や一貫性が保たれ、内容の抵触や矛盾が生じない[11)]。

例えば、1992年の地球サミットで採択されたUNFCCCと1997年のUNFCCC第3回締約国会議(京都会議)で採択された京都議定書は、入れ子の関係にある。京都議定書はUNFCCCに依拠する初の議定書であり、条約の内容に則して条項が定められている。例えば、温室効果ガスの排出削減義務を負う付属書I国は条約に規定されている[12)]。さらに、同議定書の改正は条約に抵触してはならないし、また場合によっては条約を改正する必要がある。条約に関する意思決定のプロセスにおいても、UNFCCCの締約国会議（Conference of Parties、略称COP)が最高意思決定機関であり、京都議定書が発効した後も、同議定書の締約国会議（Conference of the Parties serving as the meeting of the Parties to the Kyoto Protocol、略称MOP)がCOPとの合同本会議(COP/MOP、略称CMP)で決定を採択する。

UNFCCCと京都議定書の関係は入れ子に該当するが、現実的には極めて不安定であった。その原因は、温室効果ガス最大排出国である米国と中国が京都議定書に参加しなかったからである。UNFCCCと京都議定書の制度構築にまつわる問題点については後に詳述するが、先進国と途上国の対立、特に気候変動政策をめぐる米中間交渉の不調は議定書レジームの有効性が疑問視される一因となった。一方で、京都議定書の機能不全によって、かえって様々な国際レジームや制度が入れ子でない形で構築され、気候変動への適応策の確実な実施やポスト京都議定書交渉前進を目指すようになった。京都議定書の弱体化とレジーム権限の分散という原因によって、気候変動問題は国際レジーム間の入れ子関係以外の複雑な関係を生み出した。

### (二) 形態二：並立

次に、国際レジームの並立（parallel）とは、各国際レジームや機関はそれぞれ同分野において各自の責任の範囲内で業務を遂行し、その他のレジームや機関との責務の重複を避けている状態を指す[13)]。アガルワール（Vinod K. Aggarwal）は、これをレジームや機関の間での「分業」（a division of labor）と呼び、国際レジームの専門性と独立性を強調している[14)]。国際レジームが並立している場合、入れ子のように階層的な上下関係が明確ではなく、レジームとレジームは並行して分業を行う。例えば、長期的な経済開発と貧困削減を支援する世界銀行（the World Bank）と、経済危機への対処や通貨の安定を図る国際通貨基金（International Monetary Fund、略称 IMF）は、それぞれ開発・国際金融の分野において並立して分業を行ってきた。並立する国際レジームには、それぞれの権限が若干重なる場合でも、相互補完的なものが多く見られる。例えば知的財産権の保護において、世界知的所有権機関（World Intellectual Property Organization、略称 WIPO）と世界貿易機関（World Trade Organization、略称 WTO）などは知的財産権制度のグローバル化という観点から、それぞれの分野で役割を果たしてきたという点が議論されている[15)]。

気候変動への対処には、様々な国際レジームや機関が関わっており、本来は異分野のための国際機関でありながらも並立の関係が見られる場合がある。例えば、異常気象の発生など自然災害への対応については、災害の軽減を目的とする国連国際防災戦略（The United Nations International Strategy for Disaster Reduction、略称 UNISDR）が主に活躍するが、被害に遭った加盟国の国内経済秩序の安定を図るために、世界銀行やIMFが緊急融資を行うこともある。すなわち、気候変動の深刻化に伴う悪影響への対処には、国連及び関連機関とIMFのそれぞれが、緊急時の災害対応と人道支援において当該組織の目的に則って役目を果たしているのである。

だが、気候変動への対処に関する様々な国際レジームのすべてが相互補完的な並立関係を保っているわけではない。対処のための原則作りをめぐって、レジーム間の競合関係も見られる。例えば、UNFCCC及び京都議定書の意義と有効性を疑問視していたG・W・ブッシュ政権下、2008年以降にエネルギー安全保障と気候変動に関する主要経済国会合（Major Economies Meeting on Energy Security and Climate Change、略称MEM）が発足したことから、米国にはUNFCCCに取って代わる国際レジームを構築する狙いがあったと推察できる。また、開発途上国を含む主要排出国の削減目標の設定など主な交渉事項は国連において合意されずにいたために、国連外で、とりわけ先進国にとっての最優先事項となった。こうした先進国の取り組みは、国連に代替する国際レジーム形成の萌芽として多くの途上国の懸念材料となった。

このように、気候変動問題への対処において複数の国際レジームの間には入れ子と並立の関係の両方が見られるが、MEMなどが立ち上げられたことによって、特定の議題におけるルール作りをめぐって国際レジーム間に明白な競合関係が存在するようになった。この点から、レジーム間の相互補完関係が生成されやすいことを強調する入れ子と並立の二つのみでは、これまでの国際レジームの発展の全体像を十分に説明できなくなったと言える。

## （三）形態三：重複

国際レジーム間の並存の第三の形態は、重複(overlapping)である。重複とは、「一つの問題領域に複数の規範やレジームが関連している状態」[16)]を指す。重複する国際レジームは機能的に生成されるものと、意図的に形成されるものがあり、前者は複数の国際レジームが機能的に関係しており、不可避の重複である。一方で、後者は、現存の国際レジームに対して不満を持つ国家が自国の利益を守るために、同じ問題領域を扱うその他のレジームを選択するフォーラム・ショッピングと、新たなルールを含む対抗レジームの構築、もしくは既存のレジームに変容を迫る、いわばレジーム・シフティングの結果である[17)]。レジーム・シフティングは、分析の対象や論者によって「フォーラム・シフティング」(forum-shifting)として用いられる場合がある。レジーム・シフティングとフォーラム・シフティングとは概念上類似しており、本書は分析のため、便宜的にレジーム・シフティングとして統一する。

フォーラム・ショッピングとは、国家が、存在する複数の国際レジームから自らの利益と都合にとって有利なものを選択し、自国の目標を達成しようとすることである。一方でレジーム・シフティングの目的は、既存の国際ルールの構造を再構築することであり、不満を抱く国家が並行するその他のレジームを利用し、現行のものと対抗するための新たなルール作りを遂行しようとするのである[18)]。従って、取り扱う問題領域で重複する国際レジームには、関係国の不満によりレジーム間の競合関係が生まれると論じられる。

気候変動への対処問題の場合、米国など先進国が提唱するレジーム作りは京都議定書に代替する手段として途上国に懸念され、両者の間に競合関係が存在していた。1997年に採択された京都議定書における温室効果ガスの排出規制に対して一部の交渉国、特に米国が、中国、インドなど新興国の不参加を理由に、京都議定書への批准を拒否した。米国は京都議定書が発効した後にも枠組に入らず、すべての排出国が参加する新たな国際枠組の形成を追求してきた。米国が中心となって新たな多国間協議枠組(例えば、次章で述べるAPPやMEM、MEFなど)を立ち上げ、気候変動とその関連問題を取り扱って多国間協議を繰り返した。こうした行動は、レジーム・シフティングやフォーラム・ショッピングとして途上国に懸念された。多国間協議においてはリオ・モデルとは異なる原則が強調され、これまでのルールに対して規範の転換が求められた。

先進国の試みにはフォーラム・ショッピング、或いはレジーム・シフティングの側面が見られるが、必ずしも現行の（UNFCCCの原則に基づく）制度を全面的に覆そうとしているわけではない。例えば、2009年のコペンハーゲン会議を控えて米国主導で開催された「エネルギーと気候に関する主要経済国フォーラム」（MEF）では、「UNFCCCの目的、規定及び原則を再確認し」、対処原則である「衡平性（equity）及び共通だが差異ある責任と各国の能力」に基づくビジョンが首脳宣言で掲げられた[19)]。同時に、その他の多国間協議、例えば「主要国首脳会議」（G8）、「気候変動に関する新興経済国閣僚級会議」（BASIC）、「アジア太平洋経済協力」（APEC）及び「東アジア首脳会議」（EAS）なども気候変動への対処のためのルール作りをめぐって議論を行い、UNFCCCと2007年に採択された「バリ行動計画」の原則の下で国際協力を推進していくべきであると強調している。

以上から、気候変動に対処するための複数の国際レジームは、入れ子、並立、重複の全てを含む様々な形態を有しており、複雑かつダイナミックな状況に置かれているといえよう。

## (四) 論点の整理及び本書の理論的視点の提示

これまでの議論を参考に、国際レジームの並存のタイプと、国家の行動や国際協力の有効性との関係を一度整理する。入れ子しか存在しない場合、政策や制度をめぐる異なる国際レジーム間の整合性が保たれるために、フォーラム・ショッピングやレジーム・シフティングが起こりにくく、特定の問題領域に関する国際協力の有効性が高いと考えられる。また、複数の国際レジームが並立する場合も、国際レジーム間の競合関係は通常、弱いとして論じられる[20)]。それは、例外の場合を除き、並立状態ではフォーラム・ショッピングが行われる程度が低いためである。国際レジームが並立している場合には分業が行われる傾向があり、国際レジーム間の相互補完関係が築かれやすいため、国際協力の有効性は高い。

一方、複数の国際レジームが同じ問題領域で重複している場合、フォーラム・ショッピングやレジーム・シフティングなどの試みが締約国によって行われやすくなる。そのため、国際レジームや制度間の競合関係が強くなり、協力関係は構築しにくいと思われる[21)]。従って、特定の問題領域をめぐって国際レジームの有効性は低いと考えられる。

気候変動に対処するに当たっては、これまで入れ子、並立及び重複関係を含む複雑な国際レジームや制度を有するシステムの下で国際協力が進められてきた。そのため、これらが現状から国際制度全体の有効性を低下させてきたとは一概には言えない。実際には、UNFCCC・京都議定書をめぐる論争という不安定な入れ子の状態を背景に、様々な多国間協議が互いに並立関係を有しているにもかかわらず、交渉の関心と協議事項によっては国連と重複関係を持ったりしている。両者の間には競合関係がもたらされ、国際制度の構築を行き詰まらせていた。

これらの多国間協議は、国連で行き詰まった交渉の状況を打開するための試みでありながら、国連との重複関係を築かせた。にもかかわらず、交渉国の反発及び国際交渉の破綻が危惧される中で、各国は多国間協議によって国連における気候変動交渉を代替しようとしたわけではない。このような重複関係の形成と維持のために、当事国と指導者の間では大局的かつ戦略的な見地に基づく繊細な判断や言動が見られた。こうした状況を受け、国家またはその指導者による柔軟な視点で形成されたレジーム間の重複には、競合関係が生まれてくるのは必至であろうか。また、難航する政治交渉について、国連の外で多国間協議を重ねてきた行動をフォーラム・ショッピングやレジーム・シフティングだけで解釈するのは果たして妥当なのか、という従来とは異なった視点からの設問を掲げることができる。

筆者は、上記の、国連との重複関係が、国際合意の形成や国際制度の構築に負の影響のみを与えたわけではないと考える。この視点を仮説として提示し、ポスト京都議定書をめぐる国際交渉過程及び様々な国際制度とレジームの成立と実施状況を通じて検証を行う。

## 二. 気候変動に対処するためのレジーム・コンプレックス

現在、気候変動に対処するために様々な国際レジームや制度が存在しており、国際レジームの間には入れ子、並立、重複の関係が同時に見られる。本節では、この三つの形態を包括するレジーム・コンプレックスの観点を用いて現行の国際レジームの状態を分析し、同理論の有用性を説明する。

### (一) レジーム・コンプレックス論の観点

国際レジームの体系が複雑な状態を呈するレジーム・コンプレックスの理論は、ラウスティアラとヴィクター（Kal Raustiala and David G. Victor）によって初めて提示された。彼らは、レジーム・コンプレックスの概念を植物遺伝資源(Plant Genetic Resources、略称 PGR)の事例を通じて検証した。レジーム・コンプレックスは、利益、パワー、アイデアが関係国間で相互に異なっているため、単一の包括的な国際レジームが生成しにくい場合に、国際制度が「特定の問題領域を支配する部分的に重複しながら非階層的に（並存する）制度の配列」[22) ]となることであると定義した。つまり、様々な国際レジームの間には必ずしも入れ子のような法的な階層関係があるというわけではなく、分権的な構造の下で意思決定が行われることが指摘された[23)]。また、レジーム・コンプレックスは、その定義によれば、同じ問題領域において国際レジームが複雑に並存する状態、すなわち入れ子、並立、重複を同時に包含することがありうる、とされている。

レジーム・コンプレックスの概念を植物遺伝資源（PGR）の事例を通じて検証したラウスティアラとヴィクターは、レジーム・コンプレックスには、四つの性質が存在すると論じた。それらは、(1)「混線状況・経路依存」(no clean slate）の下での諸制度の構築、(2）自国に都合のよい既存の国際制度でのフォーラム・ショッピング（forum-shopping)、(3）重複するルールに対する「法的整合性の確保」(legal consistency）または「戦略的非整合性」(strategic inconsistency）及び（4)「実施を通じたレジームの発展」(regime development through implementation)、いわゆる「ボトム・アップ」型の国際レジームの構築、である[24)]。これらの性質は気候変動への対処の分野でも見られる[25)]。

以上の四つの性質のうち、重複レジームが有するとされるのが、フォーラム・ショッピングに加えて、上記 (3) の戦略的非整合性である。これはレジーム・シフティングと類似する概念である。本書では、これについても分析のため便宜的にレジーム・シフティングとして統一する。レジーム・シフティングの基本的な特徴は、既存の国際レジームやルールに不満を持つ国家が、その他の並行する国際レジームを利用して、自国にとって都合の良い制度やルールを立ち上げようとすることである。ただし、レジーム・コンプレックスの下では、数多くの国際レジームや制度が同時に存在するため、新たなルール作りを図るには更なる戦略的な考慮が必要とされる。そのため、ラウスティアラとヴィクターはレジーム・シフティングに含まれる一部の行動を戦略的非整合性として表したのである。以上から、レジーム・コンプレックス論の下では、重複関係を持つ国際レジームや制度の間においてフォーラム・ショッピングやレジーム・シフティングに由来する競合関係が存在することが示唆されていることが分かる。

近年、レジーム・コンプレックスの視点に基づき気候変動問題の国際制度を分析している論者が数多くいる。例えば、コヘインとヴィクター (Robert O. Keohane and David G. Victor) は気候変動のレジーム・コンプレックスの概念を提起し、気候変動への対処に関連する国際制度の分断構造 (fragmentation) を強調している。実際に、気候変動国際交渉では各国の複雑な利害関係を反映して多数のレジームが形成されており、今後もこの傾向は継続していくものと見られる[26)]。気候変動問題においてレジーム・コンプレックス理論を考察の土台とすることは、以上の点から非常に有用である。

次節では、コヘインとヴィクターによる気候変動のレジーム・コンプレックスという概念を紹介し、その有用性と問題点を手がかりにして本書の視点を論じていく。

### (二)「気候変動のレジーム・コンプレックス」論

気候変動への対処が地球規模の課題として浮上したものの、国家間にはっきりとした階層構造がないことから、利害の対立と衝突が繰り返されている。気候変動問題への対処は、貿易や金融などの越境性問題とは異なり、パワーと利益の明確な構造が見られない。また、問題の長期性と不確実性ゆえに、国家が国際協力に貢献する意欲はさほど強くない。こうした国家システムの中で問題を解決するには、公的な機関、及び国家と非国家のアクターから成る非公式なネットワークが有用であるとされる[27)]。従って、気候変動によってもたらされるすべての問題と悪影響を解決できるような、単一の包括的な国際レジームを生み出すことは実際には困難である。こうした事情を背景に、気候変動への多国間対処の現在の状況を、コヘインとヴィクターは気候変動のレジーム・コンプレックス（the Regime Complex for Climate Change）と呼び、国際レジームや制度の間に明白な連結が存在しないばかりか、存在する必要もないものと位置づけていた。

以下、気候変動問題におけるレジーム・コンプレックスを紹介し、同理論の有用性及び問題点を指摘する。

コヘインとヴィクターは、気候変動をめぐる現行の国際協力を、「緩やかに結合されたレジームのシステムで、明確な階層構造や中核がなく、また様々な要素の多くが補完的な方法で連結されている」[28)]とし、気候変動のレジーム・コンプレックスの概念により理解しようとした。彼らは、気候変動に有効に対処するために、気候変動のレジーム・コンプレックスの推進を提唱している。その主張によれば、「(UNFCCCのような：筆者）完全に統合された包括的かつ階層的な規則で規制を課す制度ではなく、他方、断片的で互いに連結していない制度の集合体でもなく、この二つの間に位置する『緩やかに結合された』(loosely coupled)様々な取り決め」が推奨されている。これらの取り決めは、「特定された、比較的狭いレジームの間に関連はしているが、制度の全部を構成する全体的な構造がないもの」としている[29)]。

コヘインとヴィクターが主張する気候変動のレジーム・コンプレックスは、

すでに存在する様々な国際レジームや制度を網羅する。例えば、国連の法的レジーム（UNFCCC、京都議定書など）、国連専門機関、専門家アセスメント、モントリオール議定書[30]、多国間協議、多国間開発銀行、地方や国内的行動（単独行動）、二国間イニシアティブ、原子力供給国間協力、金融市場規則、知的財産権・二国間投資協定とその他の投資規則、国際貿易レジーム（GATT/WTO）などを包含している（【図 2-1】を参照）。

実際に、気候変動問題への対処をめぐる国際協力は、前述の三つの形態（入れ子、並立、重複）を包含し、気候変動のレジーム・コンプレックスの下で推進されている。UNFCCC、京都議定書と「地球環境ファシリティ」（Global

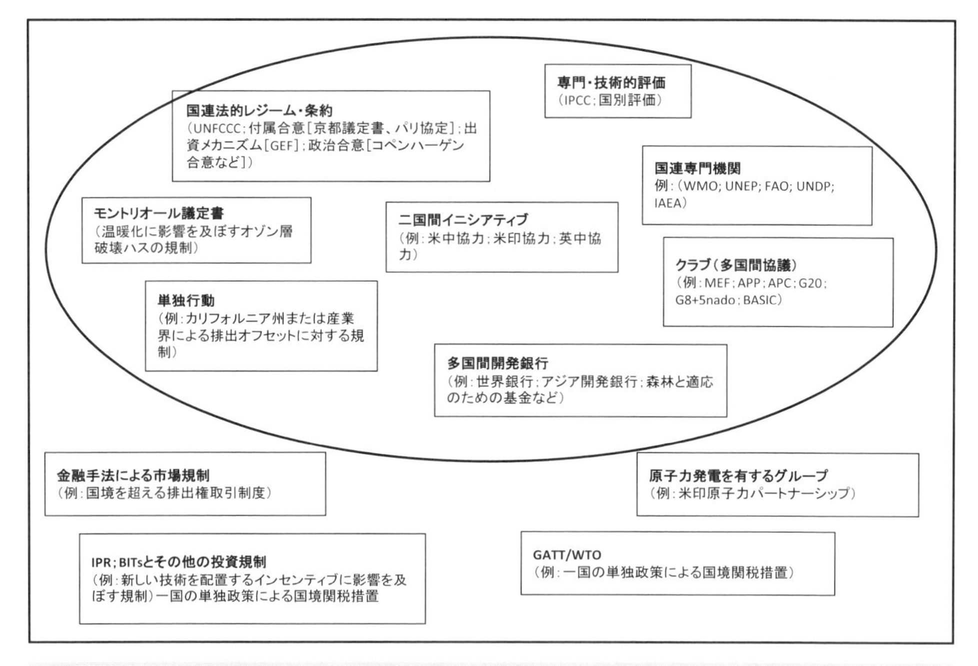


【図 2-1】コヘインとヴィクターによる「気候変動のレジーム・コンプレックス」

説明：ボックスは主な気候変動のレジーム・コンプレックスを構成する制度上の要素とイニシアティブを表す。楕円の内側にある要素は根本的なルール作りが生まれるフォーラムを指し、気候変動を管理する一つ或いはそれ以上の必要な課題に焦点を当てている。一方、楕円の外側にある要素は、気候変動のルール作りが追加的、補助的ルールを必要とする領域である（Keohane and Victor, 2010）。

Environmental Facility、略称 GEF）の間には入れ子の関係が見られる。また、国連専門機関、多国間開発銀行や国際貿易レジームなど、多くの国際レジームがそれぞれの業務の範囲内で気候変動問題への対処に関わって並立し、分業を行っている。さらに、対処原則やルール作りに関する議論は、UNFCCC が多国間協議や二国間イニシアティブと重複しながら、様々なパイプを通じてなされてきた。

さらに、コヘインとヴィクターは、気候変動のレジーム・コンプレックスについて、「機能」（functional）、「戦略」（strategic）、「経路依存・組織過程」（path-dependent and organizational）という三つの観点から議論を展開している[31)]。まず機能面では、気候変動問題への解決は多分野を横断する複雑な課題であり、様々な国際機関の関与が必要であるとされている。次いで、戦略面では、気候変動のレジーム・コンプレックスは数多くの課題と課題の間の連結を促すことができ、低排出技術の開発や炭素市場の創造に関する民間企業のイニシアティブを生み出すことが可能であると論じている。さらに三つ目の、経路依存性と組織過程の実践という面では、包括的かつ統合された単一のレジームを国際交渉で求めるよりも、レジーム・コンプレックスの一部として並存する個別な複数のレジームを用いることの方が、より現実的な手法であると議論している。なぜなら、気候変動と関わる数多くの問題領域においては、既存の様々な国際制度を有効に利用して対処する方がメリットは大きいとされるからである。

また彼らは、UNFCCC と京都議定書を中心としたリオ会議以来の国際交渉を継続する必要性を否定する。気候変動への対処における国連での取り組みに関して、包括的で統合された有効性かつ柔軟性のある単独の国際レジーム（最善の策）を構築できる可能性は全くないとした。一方で、既存の様々な国際協力制度をベースにしたレジーム・コンプレックスの下で気候変動問題に対処することが次善の策であると強調し、国連の下での制度構築は、あくまで気候変動問題に対処するために全体のレジーム・コンプレックスを構成する一部に過ぎないのであると主張している。次節では、本書が同理論の観点を用いる理由について述べる。

### (三) 気候変動のレジーム・コンプレックス論の有用性

様々な側面から環境悪化を解決しようとする気候変動のレジーム・コンプレックスの観点を採用することには、二つのメリットがある。

一つ目は、レジーム・コンプレックス論の観点に立つことで、気候変動への対処に関するこれまでの制度構築の試みの多くを包括的に検討しうるという点である。気候変動問題は科学、環境、政治、安全保障、経済、社会、産業、技術など多分野にわたる多元かつ複雑な課題であるために、数多くの専門機関の関与を前提とすることが好ましいであろう。レジーム・コンプレックス論では、様々な専門機関や国際制度と組織の関与を明示的に認めるため、より柔軟性を持ちながら現実的に事態を考察することができる。

二つ目は、政策論としての気候変動のレジーム・コンプレックス論のメリットである。すなわち、この観点に立てば、現行の国際協力体制の大幅な変更を回避でき、体制構築にかかるコストを最小限に抑えることができるからである。気候変動のレジーム・コンプレックス論は、UNFCCCに基づく単一制度の構築を追求することを放棄し、三つの観点(機能、戦略、経路依存・組織過程)に基づいて既存の国際レジームを効果的に活用することで、ポスト京都議定書の制度構築にかかるコストを最小限に抑えることができると主張する[32)]。というのも、既存のUNFCCCのみで多国間の取り組みを進めることは、対処に当たって取りうる有効手段を最低限にとどめてしまう恐れがあるからである。2008年から2012年までの四年間を第一約束期間とした京都議定書は、2001年に離脱した米国による枠組への不参加と、経済新興国の排出規制の受け入れ拒否などが原因で、規制の対象となる温室効果ガスは世界全体のわずか27%にとどまっている状況が、その好い例である。気候変動のレジーム・コンプレックス論に則った政策手法を用いることは、より現実的であると思われる。

## 三．本書の問題意識及び理論的視点

これまでに気候変動のレジーム・コンプレックスの概念と主張を紹介し、その有用性について説明した。以下では、同理論の問題点を考察した上で、それらの問題点を修正するために本書の主張を提示する。

### (一) 気候変動のレジーム・コンプレックス論の問題点

コヘインとヴィクターの気候変動のレジーム・コンプレックス論の問題点は、重複レジーム間における補完的関係の形成に関する考察が十分でないことである。彼らは、気候変動のレジーム・コンプレックスを「重複しながら緩やかに結合されたレジームのシステムで、明確な階層構造や中核がなく、また様々な要素の多くが補完的な方法で連結されている」としているが、補完的な連結に関する理論的解釈を明示していない。これでは、複雑なポスト京都議定書の国際交渉の現状を理論的に説明することが難しい。ポスト京都議定書の国際交渉では多国間、二国間協議が数多く重複しており、度重なる協議や対話によって、これらのレジーム間には競合関係のみではなく、一部に相互補完的、協調的な関係も構築されるなど、その構図は単純ではない。この点についてコヘインとヴィクターは解釈を加えていないが、本書では国際レジーム間に相互補完関係が生成する理論的根拠を明らかにしていく。

レジーム・コンプレックス論において、重複レジーム間の相互補完関係の形成が理論的に明確でない原因は二つ考えられる。一つ目の原因は、国際レジームが「経路依存性」(path-dependence) や「歴史的な偶然」(historically-shaped, historical contingency) により作られ、そして維持されてきたと説明されていることである[33]。この観点では、目的やルールが異なる国際レジームが一旦立ち上げられると、レジームや参加国間における利害関係や行動の分岐が固定化されてしまうと論じられている[34]。しかし、現実には利害関係の構造が複雑なため、国家は多様化した様々な処策法をより有効に実施するため、柔軟に利益の対立状況を調整し、国際レジームを構築する場合がある。例えば、温室効果ガスの排出削減に関する合意は困難との見方が強まる中、主要排出国同士は緩和策や適応策などを議論する様々な国際レジームを同時並行的に形成し、停滞する国際交渉を進展させようとしてきた。このように、気候変動問題の国際枠組構築では、歴史的な偶然や経路依存性によるボトム・アップ型だけでなく、主要国がルール策定のため積極的に立ち上げるトップ・ダウン型も機能し、その重要性を増していると考えられる。

二つ目の原因は、気候変動のレジーム・コンプレックス論の前提として、主要アクター間に固定的な利害関係が想定されており、利害関係がダイナミックに変化しうることが考慮されていないことにある。コヘインとヴィクターは、信念、パワー、情報、利得など、主要なアクター間の利害が一致しないため、国際レジームが断片化してきたと論じている[35]。断片化とは、様々な課題を、個々のレジームでそれぞれ独立して議論することを指す。しかし、気候変動の不確実性に起因して利害関係は時間軸と共に変化するため、主要国のバーゲニング・パワーが影響を受け、利害対立の構造的な変化が起きる可能性は排除できない。実際に、国際協力の成否を左右するほどの最重要国である米国と中国は利害の不一致を克服し、対立状況が大きく解消されたことが観察された。ここまで、気候変動のレジーム・コンプレックス論の問題点とその原因を指摘してきたが、次に重複レジーム間の補完的な関係が形成され得る条件について考察する。

## （二）重複レジーム間の相互補完関係の形成条件

気候変動のレジーム・コンプレックス論は、気候変動問題に対処する単一の国際レジームの構築の困難と限界を指摘し、より実現可能な解決案を提供した。しかし、コヘインとヴィクターの観点では、国際レジーム間の重複する補完的な関係が強調されながらも、レジーム間の補完関係の形成条件について論じられていない。そこで本書は、以下に二つの条件を提示し、近年の国連内外における交渉の具体的進展、国連とその他の多国間、二国間協議との相互的影響を考察する。

## 1. 気候変動問題への対応策の多角化と共有

### (1)「UNFCCC・京都議定書」の問題点

リオ・モデルの下では、締約国は国境を越えた環境問題に対する対応策が、先進工業国と開発途上国との対立を背景に探られてきた。このことは、持続可能な発展と開発の実現を目指す国家の行動は、リオ・モデルの骨格を成す「共通だが差異ある責任」(the common but differentiated responsibility)、またはリオ宣言の原則7[36]に基づいて展開されているものと理解できる[37]。

UNFCCCと京都議定書の下では、共通だが差異ある責任と各国の能力(respective capabilities)という原則に基づき、付属書I国による温室効果ガスの排出削減のみによって気候変動問題の解決が探られてきた。しかし実際には、2008年の世界全体の二酸化炭素($CO_2$)排出量が1990年比で1.42倍となるなど、気候変動問題が必ずしも改善されたとは言えない。というのも、京都議定書では一部の締約国のみに対処責任が課され反発を受けるなど、締約国間での協力関係を構築できず議論が紛糾したからである。リオ会議以来、経済新興国の台頭とその排出量の著しい増加ゆえ、従来の先進工業国による温室効果ガス排出削減のみでの国際協力制度は先進国に受け入れられにくくなった。度々述べているが、京都議定書は1997年に採択されたにもかかわらず、最大級の排出国である米国の不参加や中国をはじめとする途上国の削減義務が課されなかったことによって有効性を失った[38]。途上国が米国などから対処責任を求められる理由として、例えば、第一約束期間中の2009年の二酸化炭素全体排出量のうち、途上国全体が54%を占めたことが挙げられる[39]。特に、経済新興国の四カ国の占める割合は31.7%にも及んだ。この数値を見ても、先進国のみで地球規模の気候変動問題に対処するのは不十分であることを示している[40]。

このように、温室効果ガスの排出削減には、途上国、特に経済新興国の実質的な寄与がカギとなるため、経済新興国による温室効果ガスの排出は、京都議定書に則した国際交渉だけでは制限しにくい[41]。これは、経済新興国各国が、自国経済の継続的成長を最優先しているためである。一方で、温室効果ガスの排出削減を約束した一部のUNFCCC附属書I国の行動も、各国の足並みを乱している。例えば、日本、ロシアなどが2011年に京都議定書の「第二約束期間」（the second commitment period）に参加しないことを決めたのは、その一例である。また、カナダは同年に京都議定書から離脱すると宣言した。こうした状況を受けて、現行の京都議定書によって気候変動問題に対処することは実質的に不可能となった。

このように、各国が求める利益、目的、目標はそれぞれ根本的に異なっており、場合によっては複雑に対立しているため、単一の対処手法を以ってすべての関係国を満足させることは困難である。そこで、気候変動の進展が懸念されている中で、いかに主要経済国・排出国に協力させるかについては多国間対処レジーム構築上の大きな課題となっている。そのため、今後も同問題に対しては、UNFCCCの他に複数の国際レジームが、それぞれの分野において同時に関与すると思われる。

### （2）対処手法の多角化と共有

ポスト京都議定書の国際レジームでは、先進国と途上国を含む主要経済国・排出国による協力が必要とされるようになった。主要経済国・排出国は、温室効果ガスの排出量削減だけでなく、自然災害の頻発や異常気象の発生によりもたらされる悪影響への適応も重要視するようになった。そして、温室効果ガスの排出削減における法的数値目標の設定よりも、絶対的な削減目標を定めず、排出量の増加を相対的に減少させる「緩和策」（mitigation）、及び気候変動の悪影響に対処する「適応策」（adaptation）の両方が強化されるようになった。

適応策と緩和策を積極的に推進する背景には、甚大な自然災害の頻発と被害の拡大がある。気候変動問題においては、国際社会がこれまでに長年にわたって多大な時間と労力を費やして国際交渉に取り組んできたものの、大気中の温室効果ガスの濃度が世界全体で増えつつあり、気候変動に伴う極端な気象現象の発生はもはや深刻な状況に陥っていることが挙げられる[42)]。気候変動の深刻化によってもたらされる海氷の消滅、海面上昇、異常気象の頻発、水資源の枯渇などは人類社会に対する直接の脅威であると論じられている[43)]。また、気候変動の進行は既存の社会的、政治的矛盾と紛争の要因をさらに激化させるものであって、国内の社会的、政治的安定性に不安な要素をもたらしうるとされる[44]。いずれにしても、気候変動の深刻化は人類の経済活動によって引き起こされた現象と結果であり、その進行が経済、社会、政治、文化、人々の暮らしなど様々な側面に対して長期的インパクトを与えているという点、そしてその衝撃と自然環境への悪影響に対処しなければならないという点は、立場が異なる主要経済国・排出国間においても共通した認識となっている[45]。こうした状況の中、気候変動による種々の影響への適応策の強化などについて、迅速かつ有効な対策と行動が求められているのである。

緩和策においては、単に排出削減を強制的に求めるだけでなく、国別事情に配慮した自主的削減目標の設定、施策の透明性の維持、緩和策の推進に対する評価、低排出型や再生可能なエネルギーの普及、エネルギー利用効率の向上、低排出技術の開発の促進など京都議定書とは異なる手法が強調されるようになった。このように、適応策、緩和策の実施とそれぞれに関する資金、技術支援や情報の共有など、気候変動分野における様々な課題に対処するための手法が多角化してきた。

実際これまでに、国連を含む多国間協議の結果、2009年のコペンハーゲン会議以降、適応策と緩和策の推進に関する国際交渉は一定の進展を見せた。適応策では、脆弱性に関する国別情報の把握、「国別適応計画」（National Adaptation Plans、略称NAPs）の作成と公開、気候変動対処基金の設置、資源の投入と必要とされる支援、事業や計画の実施、そして事例の評価などに関する内容がこれまでになく充実してきた。また、緩和策においても、先進国は排出削減目標の誓約、途上国はNAMAs（途上国の適切な緩和活動）の公表、そしてすべての締約国が国別対策の実行と評価に関する「測定、報告及び検証」（measurement, reporting and verification、略称MRV）制度の形成を正式決定した。これらはそれぞれ国連にて採択され、今後の枠組交渉のあり方を決定付けた。このような対処手法の多角化により、重複レジームに属する国家間で協力可能な事項が増え、対処手法が共有化されやすくなり、重複レジーム間の相互補完関係が形成されやすくなると考えられる。

コペンハーゲン会議以降、適応策や緩和策などの推進に関する試みは、様々な対処法を共有するようになり、その実現を図る最も大きな主要経済国・排出国(本書では「主要大国」と称す)によるレジーム形成の寄与が大きいと推察できる。以下に、主要大国による決定的な役割の発揮について述べる。

## 2. 主要大国による決定的役割の発揮

京都議定書の枠組では、温室効果ガス排出の量的削減に関して、米国は中国など経済新興国にも先進国と共通の負担を求め、中国は先進国の歴史的排出量を理由に、自国の排出削減を断固拒否した。こうした主要大国間の利害構造の相違こそが、国際協力を難航させてきた根本的な原因である。

しかし中国の経済と排出量の規模は1990年代以降大きく成長し、温室効果ガスの排出量は米中両国で世界全体の41%を占め[46]、米中という主要大国が排出削減や緩和策の強化に積極的に取り組まなければ、気候変動に対する有効な改善策を打ち出せないまま問題が深刻化し続ける[47]。排出量をはじめ、気候変動問題に対する寄与度が大きいことから、米中両国はポスト京都議定書の枠組構築における「決定的役割」(critical roles)を果たしうる主要大国として、国際協力の政策決定過程に大きな影響を与えるようになったのである。また、米中両国の利害関係が常に一定のものではなく、両国はそれぞれの目的にあわせて利害の対立を調整し、国際レジームの構築を左右する決定的な役割を果たし、国際協調を図ろうとした。

これまでに、米中は気候変動の進行と国際交渉の行き詰まりが、ひいては自国に深刻な影響をもたらすことを予測し、近年では状況の打開に向けて歩調を合わせるようになってきている。具体的には、米中両国は経済安定と環境、エネルギー安全保障を確保するため、気候変動対策及びエネルギーの効率的利用などに関して対話を行い、国連における国際交渉の継続を支持してきた。このことは、双方が利益を享受できる枠組の構築を目指す共通の認識を徐々に形成し、利害関係の構造的な対立を転換させる動きと見られる。こうして、米中両主要大国が国連外の多国間協議において国家間の利害調整を実効的に行ったことによって、既存の国際レジームである国連と、その他の多国間協議の間で相互補完関係の構築が可能になったと推察される。本書では、国際レジーム間の相互補完関係が形成される条件は、決定的役割を果たす主要大国による対処手法の多角化と共有であるという観点を、国際交渉の過程から検証する。

米中は、ポスト京都議定書の国際レジーム構築過程において少なくとも三つの影響をもたらしたと考えられる。第一に、相互信頼関係の醸成である。気候変動問題では、米中の相互信頼関係の欠如から国際交渉が膠着状態に陥ったが、双方が相互信頼を醸成し、逆に二国間の関係を改善するテーマの一つとして気候変動問題での協力を推進するようになった。第二に、争点及び妥協点の明確化である。米中両国が頻繁に対話したことで、国際交渉における争点が明確になり、様々な対処手法や解決案に向けて共通の認識を形成した。第三に、利害対立の調整である。国連外での取り組みにより国家間の利害調整を行うことで、国連での対立と会議の破綻を回避し、大国主導の体制作りを築いたのである。

これまで、気候変動問題での国際協調に関する議論では、「絶対的利得」（absolute gains / interests）を重視するネオリベラリズムの観点に基づき、レジーム・コンプレックスにおけるアクター間の利害関係は一定、不変であるという前提が置かれてきた。しかし実際には、アクターの利害関係は対処手法の多様化、技術革新、不確実性に起因する状況の変化など、様々な要因によって変化しており、必ずしも固定されていない。従来見落とされてきたこれらの点について、以下の章で事例の考察を通じて明確にする。

なお、本書の分析内容は次の通りである。第三章から第五章では、ポスト京都議定書の制度構築に関する具体的な行動として、米中などの主要経済国・排出国が国連における国際交渉の行き詰まりを打開するために、多角化する対処手法の確立をめぐって自ら主体的に国連の外で多国間協議を定期的に開催するようになり、これらの多国間協議の成果の一部は、最終的に国連決定の内容の中にも反映された過程について詳述する。第六章では、最大級の温室効果ガス排出国である米国と中国が、気候変動問題を二国間の戦略的な協力関係の構築における主要なテーマの一つに据え、様々な可能な対処案を試みたことについて分析する。

## まとめ

コヘインとヴィクターは、気候変動への対処に関する課題が多様であるため、数多くの国際機関・組織、多国の関与と相互協力が必要であるとした[48]。現在、気候変動への対処をめぐる国際レジームの構築及び多国間協議は国連内外で進められており、複雑かつ多元的な様相を呈している。様々な重複レジームが生まれるなかで、国際レジーム間では如何に相互補完関係を持たせるかが課題となる。

このような状況を背景に、ポスト京都議定書の構築に関連する国際レジームや多国間協議の相互補完関係の解明を本書の目的とした。特に、主要経済国・排出国による交渉の立場を調整することが要請されているなかで、国連の外で相互理解や意思疎通の場となってきた多国間協議が国連における交渉に対し発揮してきた影響力は著しいものであったと考える。中でも、国連の枠組の下では最も利害対立の激しかった米国と中国が、国連外の多国間及び二国間交渉によって排出削減中期目標の設定に成功したことは、2009年のコペンハーゲン会議以降の協力枠組の構築が進展した大きな要因となっている。また、将来的な枠組の構築について、主要大国間での対立は完全に解消されていないものの、多国間、地域内または二国間で多様な協議の推進が可能となったことにも、国連外での多国間協議の効果が見て取れる。

このように、気候変動のレジーム・コンプレックスにおいては、重複レジーム間には競合関係のみならず、相互補完関係も生成されている。こうした関係の形成は、多角化した対処手法が共有されるようになること、その実現に向けて主要大国が決定的な役割を果たすことという二つの条件に影響を受けている。両条件が満たされた場合に、重複レジーム間には相互補完関係が形成され、これにより難航する国際枠組作りが前進したと推察できる。本書では、「多角化した対処手法の共有と主要大国の果たす決定的な役割によって重複レジーム間に相互補完関係が生み出され、全体の国際制度構築に寄与しうる」ことを仮説として提示し、国連内外と米中間の国際交渉と協調関係の発展を分析し、重複レジーム間の相互補完関係の形成に与えた影響について検証する。

注

8) 1992年の地球サミットでは、地球規模の環境問題、持続可能な発展または開発を実現するためのパラダイムが示され、パーク、コンカら（Jacob Park, Ken Conca and Matthias Finger）はこれをリオ・モデルと呼んだ。Jacob Park, Ken Conca and Matthias Finger. (2008). *The Crisis of Global Environmental Governance: Towards a New Political Economy of Sustainability*, Oxon: Routledge, p.194.
9) 附属書I国とは、UNFCCCの付属書Iに列挙されている国であり、いわゆる先進国、旧ソ連、東欧などの市場経済移行国が京都議定書付属書Bに掲げられた排出削減に関する国別数量目標を有している。なお、付属書I国であるが、付属書Bに該当する数値目標を有していない国も存在する。
10) Ken Abbott and Duncan Snidal. (2006). "Nesting, Overlap, and Parallelism: Governance Schemes for International Production Standards," paper presented at the Nested and Overlapping Institutions Conference on February 24, 2006; Vinod K. Aggarawal. (2005). "Reconciling Institutions: Nested, Horizontal, Overlapping and Independent Institutions," paper presented at the Nested and Overlapping Institutions Conference on February 24, 2006.
11) Ken Abbott and Duncan Snidal. (2006).
12) "Environmental regimes often involve the creation of new institutional arrangements in the context of existing institutions, but typically the particular institutional form (the "framework-protocol" system) has clearly specified and hierarchical boundaries." Kal Raustiala and David G. Victor. (2004). p.296.
13) Ken Abbott and Duncan Snidal. (2006); Vinod K. Aggarwal. (2005).
14) Vinod K. Aggarwal. (2005).
15) 植村昭三（2013）「グローバル時代における知的財産権制度の潮流」『日本大学知財ジャーナル』6号、5-18頁。
16) 山本吉宣（2008）139頁。
17) 足立研幾（2011）「重複レジーム間の調整に関する一考察」『立命館国際研究』23巻、3号、2頁。
18) Alter and Meunier. (2009). pp.16-17.
19) 「首脳宣言：エネルギーと気候に関する主要経済国フォーラム（MEF）」外務省仮訳、2009年7月9日（2013年5月27日にアクセス）。
20) Ken Abbott and Duncan Snidal. (2006). pp.9-10.

21）*Ibid.*

22）Kal Raustiala and David G. Victor. (2004). pp.277–309; Keohane and Victor. (2010).

23）Raustiala and Victor. (2004).

24）*Ibid.*, pp.295–305; 上野貴弘（2008）「複数制度化する温暖化防止の国際枠組――京都議定書、G8サミット、アジア太平洋パートナーシップの並存状況の分析」電力中央研究所社会経済研究所、17–20頁。

25）Keohane and Victor. (2010).

26）Raustiala and Victor. (2004); Alter and Meunier. (2009).

27）Jeff D. Colgan, Robert Kohane and Thijs Van de Graaf. (2011). "Punctuated Equilibrium in the Energy Regime Complex," *Review of International Organizations* 7: 117–143.

28）"The climate change regime complex is a loosely coupled system of institutions――it has no clear hierarchy or core yet many of its elements are linked in complementary ways." Keohane and Victor. (2010). p.4.

29）"…'regime complexes' are arrangements of the loosely coupled variety located somewhere in the middle of this continuum: there are connections between the specific and relatively narrow regimes, but no overall architecture that structures the whole set." Keohane and Victor. (2010). pp.3–4.

30）「オゾン層を破壊する物質に関するモントリオール議定書」（Montreal Protocol on Substances that Deplete the Ozone Layer）を指す。1987年9月16日にカナダで採択され、1989年1月1日に発効した。

31）Keohane and Victor. (2010). pp.13–15.

32）Keohane and Victor. (2010). p.15.

33）"… international regimes often come about not through deliberate decision making at one international conference, but rather emerge as a result of 'codifying informal rights and rules that have evolved over time through a process of converging expectations or tacit bargaining.' That is, they emerge in path-dependent, historically-shaped ways." Keohane and Victor. (2010). p.3, p.9.

34）Keohane and Victor. (2010). pp.24–25.

35）"…When patterns of interests (shaped by beliefs, constrained by information and weighted by power) diverge to a greater or lesser extent, major actors may prefer a regime complex to any feasible comprehensive, highly integrated, institution " Keohane and Victor. (2010). p.3.

36）「先進諸国は、彼らの社会が地球環境へかけている圧力及び彼らの支配している技術及び財源の観点から、持続可能な発展または開発の国際的な追求において有している義務を認識する。」環境と開発に関するリオ宣言の原則7を参照。「データベース『世界と日本』」地球環境問題資料集。

37）Jacob Park, Ken Conca and Matthias Finger. (2008). p.196.

38）京都議定書発効後の世界全体の温室効果ガス排出量はおよそ14%増加した。"Total GHG Emissions Excluding LUCF, 2005–2010," World Resources Institute, Climate Analysis Indicators Tool (CAIT) 2.0. Beta（2013年9月1日にアクセス）。

39）*$CO_2$ Emissions from Fuel Combustion*, 2011 edition, International Energy Agency

(IEA); World Bank on-line data base: <http://data.worldbank.org/topic/climate-change?display=graph>.

40）中国は 23.7%、インドは 5.5%、ブラジルは 1.2%、南アフリカは 1.3% を排出し、合わせて 31.7% を占めていた。*$CO_2$ Emissions from Fuel Combustion*, 2011 edition, International Energy Agency (IEA).

41）IEA によると、2008 年から 2012 年までの間に地球全体のエネルギー起源二酸化炭素排出量は 5.9% 増加すると予測されている。一方、先進国集団が中心である条約附属書 I 国では排出量が 1.6% 減少するのに対し、途上国からなる非附属書 I 国では 13.3% 増加すると予想されている。

42）「気候変動 2013：自然科学的根拠──政策決定者向け要約（暫定訳）」『IPCC 第五次評価報告書　第一作業部会報告書』気象庁、2013 年 9 月 27 日（2014 年 1 月 31 日にアクセス）。

43）Joshua W. Busby. (2008). “Who Cares about the Weather? Climate Change and U.S. National Security,” *Security Studies* 17: 468-504.

44）Thomas Homer-Dixon. (1999). *Environment, Scarcity, and Violence*, Princeton, New Jersey: Princeton University Press; Barnett, Jon and W. Neil Adger. (2007). “Climate Change, Human Security and Violent Conflict,” *Political Geography* 26: 639-655.

45）“Security Council Holds First-Ever Debate on Impact of Climate Change on Peace, Security, Hearing Over 50 Speakers,” SC/9000, UN Security Council, Department of Public Information, April 17, 2007, United Nations: <http://www.un.org/News/Press/docs/2007/sc9000.doc.htm>; “Implications of Climate Change Important When Climate Impacts Drive Conflict,” SC/10332, UN Security Council, July 20, 2011, United Nations: <http://www.un.org/News/Press/docs/2011/sc10332.doc.htm>.

46）*$CO_2$ Emissions from Fuel Combustion-2011 Highlights,* International Energy Agency (IEA), October 2011.

47）Leon Clarke et al. (2009). “International climate policy architectures: Overview of the EMF 22 International Scenarios,” *Energy Economics* 31: 64-81.

48）Robert O. Keohane and David G. Victor. (2010).

# 第三章

# コペンハーゲン会議に向けた重複関係の発展

## はじめに

本章の目的は、まずポスト京都議定書枠組をめぐる先進国と途上国、とりわけ米国と経済新興国の間の論争と対立を、その国際交渉過程から明確にすることである。京都議定書が2005年2月に発効してからまもなく、同議定書の第一約束期間が満期となる2013年以降の枠組の構築をめぐって国際交渉が始まった。温室効果ガスの排出に大きく寄与してきた米国と、近年、排出量の増加が著しい経済新興国は、京都議定書によって国内的排出の状況が制限されなかったために、いかに米国と経済新興国を含めた形で将来の枠組を築くかがUNFCCCの締約国にとって共通の課題であった。しかし、これらの国は気候変動対策によってもたらされる国内経済への打撃を強く懸念し、京都議定書の下での国内気候変動対策の導入を拒んでいた。これらの論争について、まず第一に、国際交渉の構図の変化から説明する。第二に、2011年のモントリオール会議からバリ会議までの国際交渉の経過及び具体的な対立点に関して、時系列に沿って述べる。

また、国連における国際交渉の進展が膠着したことを背景にして、2009年のコペンハーゲン会議の開催を控えて国連の内外で多国間協議が度々行われるようになったことは無視できない。そこで、これまで多国間協議によって作成された文書を手掛かりとして、多国間交渉及びその不調が多国間協議の目的と内容にどのように影響を及ぼしたかについて、下記の2点から分析する。それにより、これらの多国間協議がポスト京都議定書枠組の構築において国連(UNFCCC)と重複関係があることを検証する。

第一に、これまで地域的国際協力枠組においても気候変動問題が取り上げられ、様々な視点から多国間対策の検討と実施を呼びかけていた。米国主導のものも含め、これらの多国間協議の実施は主要な開発途上国に強い懸念をもたらしていたが、多国間協議の枠組では、国連に取って代わる新たな枠組の構築が企図されることはなく、引き続きUNFCCCの枠内で国際協力を促していくことが強調された。第二に、国連では、米国をはじめとする先進国と途上国、特に経済新興国との対立が依然として鮮明であったが、国連の外においては気候変動への対処をめぐる国際協調が強調され、推進されるようになった。

## 一. 国際交渉構図の変化

京都議定書は、1997年12月の第3回UNFCCC締約国会議（The Third Conference of the Parties、略称COP3）で採択されたUNFCCCの議定書である。これは、条約の付属書I国(Annex I Parties)に対し、2008年から2012年の第一約束期間における温室効果ガスの排出を、1990年比で5.2%（日本6%、米国7%、欧州連合全体8%等)削減することを義務付けたものである。また京都議定書付属書Bに掲げられた、いわゆる先進国、旧ソ連、東欧などの市場経済移行国が、排出削減に関する国別数値目標を有している[49]。京都議定書は、ロシアの批准を受けて発効条件を満たし、2005年2月に米国と豪州抜きで正式発効した。

京都議定書では、人為起源の気候変動の原因とされる温室効果ガスの排出削減に向けて、先進国グループが中心となる附属書I国のみの行動に基づき気候変動問題の対応が図られてきた。UNFCCCでは、先進国に対してのみ対処の責任が大きく課されたのである。新興国を含む開発途上国は、先進国の歴史的累積排出量[50]が格段に大きいことを根拠に、共通だが差異ある責任と各国の能力原則に基づき、温室効果ガス排出の実質的な削減を先進国に求めた。

ところが、その後、急速な経済成長によって新興国の排出量の寄与が大きくなるにつれ、附属書I国による削減努力が相殺されることが危惧されるようになった。将来的な温室効果ガスの排出量に対する予測からみた非附属書I国、特に中国、インド、ブラジル、南アフリカなどの新興国が占める排出割合の拡大は著しいものである。国際エネルギー機関（International Energy Agency、略称IEA）の予測では、2007年から2030年までに、エネルギー起源二酸化炭素排出量は世界全体で39.5%増加し、そのうち附属書I国は0.4%しか寄与せず、非附属書I国の排出成長率が80.4%にも及ぶとしている[51)]。また、中国は2030年までに排出量が91.3%増加し、インドの場合は153.4%の増加が予測されている。

このような新興国の排出量推移の予測は、先進国が新興国へ対処行動を要求する裏付けとなり、特に米国を中心とした「アンブレラ・グループ」(Umbrella Group、以下UG諸国と称す）[52)]を中心とした国々が新興国に実質的な削減努力と行動を求めるようになった。さらに2001年3月、米国は「わが国の経済にとって害となる行動は取るつもりはない」として、京都議定書からの離脱を宣言した。米国は京都議定書に反対する理由として、京都議定書の遂行により米国国内の経済成長が妨げられること、中国・インド等、米国の経済的かつ戦略的競争国が主要排出国でありながら不参加であること、また気候変動に関する科学的不確実性などを挙げた。

このように、京都議定書の交渉が難航する中で気候変動への対処をめぐる国家間論争が激化するようになり、近年では特に米国と中国の対立が表面化している[53)]。中国やインドなどの途上国では、一人当たり排出量がまだ米国の30%にも満たないが、中国の一人当たり排出量の増加率は他の国と地域に比べて高く、この傾向は今後も続くと予想されている。一方で、先進国の中でも、一人当たり二酸化炭素排出量が横ばいの日本や欧州連合(European Union、以下EUと称す）と比較しても、米国はその2倍程度と依然高い水準を維持しており、途上国の一人当たり排出量をはるかに上回る。途上国グループはこの点を追及の材料としており、気候変動対策の責任は先進国、特に米国にあると主張している。

これに対し、米国を中心とした先進国は、新興国による二酸化炭素総排出量の増大と気候変動に対する「共通の責任」を主張し、新興国による実質的対策を要求している。例えば世界銀行のデータによると、中国は2006年に米国を抜いて世界最大の二酸化炭素排出国となったが、特に2002年以降は増加速度が大きく、2002年から2006年の4年間に増加した排出量は、1980年から2002年の22年間と同等である。これは中国の急速な経済発展と経済規模の拡大によるものであり、米国をはじめとする先進諸国が途上国の行動を牽制しようとする根拠となっている。また中国は、総量でも一人当たり量でも速い速度で排出量を拡大しながら、国際的に法的拘束力のある排出削減の目標を定めておらず、このことに対して、米国や日本などUG諸国の批判が集中している。

しかし、中国が総排出量で米国を上回ったといっても、その差は2006年時点ではわずかであり、米国が産業革命以降の歴史的累積排出量で世界最大の二酸化炭素排出国であることに変わりはない。米国は長期にわたって高い排出量を維持し、年々総排出量を増加させているにもかかわらず、京都議定書から離脱する際の理由の一つを、一部の途上国が議定書に不参加であるとしたことに、途上国の不満が噴出した。

米国を中心とした先進国と経済新興国の排出状況が上記のように推移する中、京都議定書が定める第一約束期間を過ぎたポスト京都議定書枠組の成立に欠かせない共通だが差異ある責任を各国に負担させようとする過程で、気候変動に関する責任の帰属について、UNFCCCの下で根本的対立が起こった。非附属書I国の中心であるG77＋中国の途上国グループは、先進国が率先して京都議定書で約束した削減目標を達成してから途上国の責任に関して議論すべきである、と主張している。従って、途上国グループは、ポスト京都議定書の枠組として京都議定書の延長案を支持し、これを土台にして京都議定書の改定版を作成する方向で交渉を進めようとしてきた。一方、途上国グループの提案に対して、例えば日本は、新興国を含む主要排出国が京都議定書に参加していないことから、単に京都議定書を延長させること、また米国、中国、インド等主要排出国抜きの改定案の採択に反対の立場を貫いた[54]。

米国を中心とする先進国は、主要排出国である新興国、特に中国に対して排出量に相応しい責任を取るよう要求しており、ポスト京都議定書枠組交渉に関しては、途上国による「測定、報告及び検証可能な方法による適切な排出削減・抑制行動」[55]を含む新しい枠組に合意させようとした。しかし、米国にはこれまで京都議定書を拒んできた経緯もあり、米国を中心とした先進国の主張に途上国は不信感を募らせている。双方の信頼関係が崩れる中、2009 年に開催された第 15 回 UNFCCC 締約国会議（COP15）の際には、多国間交渉が破綻する寸前にまで至った。

## 二．ポスト京都議定書をめぐる国家間論争

### (一)COP11「モントリオール行動計画」の採択とその影響（2005 年）

#### 1．国連の交渉過程

2005 年 2 月下旬、ロシアが京都議定書を批准したのに伴って、同議定書は正式に発効した。さらに、同年 12 月にモントリオールで開催された UNFCCC 第 11 回締約国会議（COP11）及び京都議定書第一回締約国会議 (Conference of the Parties serving as the Meeting of the Parties to the Kyoto Protocol、略称 MOP。あわせて CMP1 と称す）においては、主催国であるカナダの環境大臣ステファネ・ディオン（Stéphane Dion）議長が、2013 年以降の約束に関する検討を始める必要があると指摘した[56]。COP11 において、CMP1 は京都議定書の下に特別作業部会 (The Ad Hoc Working Group on Further Commitments for Annex I Parties under the Kyoto Protocol、略称 AWG-KP) を設置し、附属書 I 国、すなわち先進国および市場経済移行国[57]の、2013 年以降の第二約束期間の更なる排出削減義務に関して協議することを定めた。

また、COP11 では、米国を含む将来の協力に関する対話の場が設置された。その結果、UNFCCC の下にすべての国が参加する「気候変動に対応するため

の長期的協力のための行動に関する対話」を開始することで合意し、いわゆる「モントリオール行動計画」（The Montreal Action Plan）が成立した[58]。各交渉国は対話を通じて2013年以降、すなわちポスト京都議定書体制をめぐる議論を新たに開始した。この対話は、2007年のUNFCCC第13回締約国会議（COP13）で立ち上げられた特別作業部会の前身である。

COP11において、議論の中心となったのは、京都議定書第三条第九項であった[59]。それは、第一約束期間が満了する2013年以降における附属書I国の約束を如何なるものとするのか、である。それについて、EUを代表してイギリスが、G77＋中国を代表してジャマイカが、そして日本が、それぞれ提案を行った。イギリス案は、京都議定書の第十条とUNFCCC第四条第一項における締約国の約束、すなわち共通だが差異ある責任と各国の能力に基づき、附属書I国以外の締約国に新たな約束を導入しないことを強調しながらも、市場原理に基づくメカニズムの重要性と、2013年以降もグローバルな枠組のなかで持続可能な開発と費用対効果の高い排出削減を促す手段を強調した。また、2013年以降の附属書I国の約束に関する検討（consideration）を始めることを提案した[60]。EUは非附属書I国による行動の約束を正面から求めていないが、イギリスは従来から米国の参加を重視し、同国の参加を促すために、市場原理に基づく効率的な排出削減を強調した。

それに対してG77＋中国を代表したジャマイカ案は、非附属書I国への新たな約束を導入しないことを確認することと、2013年以降に附属書I国の更なる約束を考察する手続き（process）を始めるとする内容が含まれていた[61]。

また、日本案では、京都議定書は目標達成のために重要な第一段階であるが、唯一のものではないとされた。日本は、京都議定書の下で対象とされた温室効果ガスの排出量が、世界的な規模から見ると一部に過ぎず、かつ減少していることと、附属書I国以外の締約国の排出量が急速に増加することに留意していた。日本案では、京都議定書第九条に基づき、京都議定書の定期的な検討を適切にUNFCCCの下で行う必要があるとされた[62]。日本は、「2013年以降に附属書I国の更なる約束を考察する手続きを始めるべきである」としつつ、これを「京都議定書第九条の下で評価を準備しながら、条約への評価を考慮し、2006年11月に開始するよう」提案した[63]。

このように、京都議定書の第三条第九項をめぐる論争が続くなか、米国を含む附属書I国の更なる約束と、条約改訂の検討を含む途上国による行動への要求をめぐって、途上国グループと付属書I国が対立した。ディオン議長は、米国が今後とも京都議定書に参加しないことを勘案し、前述の三つの提案に基づき、「気候変動に対処する長期的な協力行動に関する討議の手続き」（Draft Decision on a Process for Discussions on Long-term Cooperative Action to Address Climate Change）と称する議長案をまとめた。議長案では、「最も広汎な可能な協力と参加及び環境の効率性を促すために、気候変動への対応に関する長期的協力行動を模索し分析する討議（discussion）の開始を決定する」、また「技術と市場の最大限の潜在力を理解する」[64]と提案した。

その後、議長案に対して、米国への配慮に基づき、決定名の「討議」（discussion）を「対話」（dialogue）[65]に置き換える旨が提案され、また第一条では「気候変動への対応に関する長期的協力行動のために対策経験の交換と戦略的な手法を分析する対話の開始を決定し、この対話には条約の下で今後の交渉、コミットメント、合意手順、枠組やマンデートに関する予断（prejudice）を持たせない」という内容に修正された[66]。また、第五条では、途上国の行動について、対話の一つの目的として、「途上国の自主的な行動の導入を支援する手法を確認する」とし、「国家の事情に沿った適切な気候変動の緩和行動を促す」と規定した。さらに、対話は「途上国によるよりクリーンな、気候友好的技術、そして適応のための技術の利用を促す方法と手段」を模索すべきである、と第六条で定められた。

## 2. 交渉の主な成果

モントリオール行動計画は、UNFCCCの下で成立しており、京都議定書から離脱している米国及び非附属書I国を含む形で、気候変動への対応に関する長期の協力行動のための対話をめぐって、以下の分野で進めるとして合意された。つまり、米国とその他の締約国は、対話という法的拘束力のない枠組の下で制度構築を模索できるようになったのである。その合意された分野とは、「持続可能な方法で開発の目標を推進すること」、「適応行動を扱うこと」、「技術の可能性を最大限に実現すること」、「市場ベースの可能性を最大限に実現すること」の四つである（第一段落）[67]。これらの議題に関して対話や意見の交換を行い、UNFCCC 第 12 回締約国会議（COP12）及び COP13 で対話の進捗状況、各締約国から提供される意見と情報を報告するよう決定した[68]。ただし、「この対話には条約の下で今後の交渉、コミットメント、合意手順、枠組やマンデートに関する予断を持たせない」ことが強調された[69]。

気候変動に関する長期的協力行動をめぐる対話以外に、悪影響、脆弱性及び適応に関する「5 カ年作業計画」（Five-year Programme of Work of the Subsidiary Body for Scientific and Technological Advice on Impacts, Vulnerability and Adaptation to Climate Change）が引き続き討議され、その成果が決定 2/CP.11 としてまとめられた。これは、UNFCCC 第 10 回締約国会議（COP10）で採択された「適応策と対応措置に関するブエノスアイレス作業計画」（決定 1/CP.10）に基づいており、悪影響、脆弱性と適応に関する目的、期待される成果、作業の範囲と手法について定めている[70]。

### 3. モントリオール行動計画の実施状況

COP11 で採択された決定 1/CP11.（通称：モントリオール行動計画）により、開発途上国と京都議定書未批准の米国が、気候変動枠組条約の下、国際的な気候変動対策を促進するための長期的行動について 2 年間の対話を行うこととなった。これに関する合意は、京都議定書発効後における日本の交渉の基本方針である「すべての国が参加する実効性ある枠組の構築」につながるため、UG 諸国に属している日本と議長国のカナダが重要視してきた[71]。AWG-KP 及び対話方式が気候変動問題の対応を議論するプロセスは、2006 年 5 月の UNFCCC 補助機関（Subsidiary Body、略称 SB）会合と並行して開催された第一回作業部会から開始された。

これら2005年に設けられた作業部会(AWG-KP)と、長期的協力に関する対話方式は、米国及び新興国を含む締約国の相互理解の強化と共通認識の促進に重要な役割を果たした。しかし、その活動は、各国の考えを集約して締約国会議で報告するに留まり、気候変動への対処をめぐる国際交渉では実質的な進展が、その時点でまだ得られていなかった。しかし一方で、気候変動の深刻化がもたらす地球環境への悪影響は科学的知見によって徐々に解明され、人間ないし国家の安全保障に負の影響を及ぼすと懸念されるようになった[72)]。

## (二)COP13「バリ行動計画」の採択とその実施（2007年）

### 1. 国連の交渉過程

2007年12月、インドネシアのバリ島でUNFCCC第13回締約国会議(COP13)、及び京都議定書第3回締約国会議（CMP3）が開催された。バリ会議の焦点は、気候変動に対処するためのポスト京都議定書の枠組構築に関する2013年以降の指針と交渉の方式であり、会議の末に決定1/CP.3によりバリ行動計画（The Bali Action Plan、略称BAP）が採択されるという成果を残した。

COP13が開幕してからまもなく、アンブレラ・グループ（UG）を代表して、豪州は包括的な国際協定を締結するために、UNFCCC対話を土台にしたすべての国が参加できる新しい交渉方式の成立を提唱した。また、京都議定書の見直しに関しては、既存のAWG-KPの下で作業すべきとの意見を述べた[73)]。UG諸国としては、京都議定書に批准しないでいる米国が、如何にすれば国連交渉に参加するかが課題であった。しかし、京都議定書を擁護する交渉国の懸念を払拭するために、京都議定書の第九条、すなわち京都議定書の見直しについては特別作業部会の下で継続させつつ、新たに米国を含める交渉の場を設けようとしたのである。

COP13では、UNFCCC条約及び京都議定書に依拠する対話とAWG-KPにおいて、それぞれ交渉が進められていた。とりわけ、バリ会議の最重要課題は、2013年以降の気候変動に対処する枠組のあり方を明確にすることであったため、モントリオール会議で立ち上げられた「長期的協力のための行動に関する対話」は、主にUNFCCCの下で議論された。長期的協力のための行動に関する対話は、2007年までに持続可能な開発目標の推進、適応のための行動の実施、技術及び市場原理の最大限の実現に関して締約国間で意見が交わされた。したがって、COP13に際しては、如何なる形で、そしてどのような内容で、この対話方式を次の交渉段階に繋げていくかが議論の中心であった。これらの点について、以下の三つから議論のポイントを明確にする。

第一に、先進国と途上国の妥協の結果、長期的協力のための行動に関する対話の議論の継続的プラットフォームとして、特別作業部会の設立が採択されたことである。ここでは、日本の提案が重要であった。日本案には、「すべての締約国が有効かつ実質的に参加する新たな作業部会(Ad Hoc Working Group)を創設すること」が含まれていた。また、「2013年以降の枠組が協定(agreement)、またはその他の法的文書として、条約と京都議定書の下にあるその他の関連手続き(process)に調和する」[74]と提案した。一方で中国は、作業部会を新たに設立することに明確に賛成しなかった。それにもかかわらず、新しい仕組みに対して、条約と京都議定書それぞれの下で並行して、独立に作業するよう要求した。また米国は、中国が提示する並列方式を支持しながらも、作業部会を立ち上げることに賛成した。EUは、AWG-KPが継続的に機能することを条件に、新たな交渉部会の創設に反対しなかった。これで、2013年以降の枠組について話し合う場として、三つの選択肢が提示された。まずは、対話方式の維持である。二つ目は、条約に依拠する交渉とAWG-KPを統合した一つの作業部会の創設である。三つ目は、新しい作業部会をUNFCCCの下で設立し、AWG-KPと並列して各自で交渉を進めることである。

結局、新しい作業部会は、京都議定書から離脱した米国にとって交渉のプラットフォームとなり、かつEUが米国の国連交渉への復帰を期待していたため、UG諸国の提案(新作業部会の設立と両作業部会の並列)に中国を含む途上国とEUが支持する立場を基本的に取った。バリ行動計画には、ポスト京都議定書枠組を議論するための交渉事項を取り上げ、「気候変動枠組条約の下での長期的協力の行動のための特別作業部会」(The Ad Hoc Working Group on Long-term Cooperative Action under the Convention、略称 AWG-LCA)」の設置が新たに盛り込まれた。2005 年に発足した国連決定 1/CMP.1 により発足した、京都議定書に依拠する附属書 I 国の更なる約束に関する特別作業部会(The Ad Hoc Working Group on Further Commitments for Annex I Parties under the Kyoto Protocol、略称 AWG-KP) と合わせて、二つの特別作業部会からなる国連気候変動交渉の体制が発足した。

第二の議論のポイントは、決定草案の内容である。焦点は、気候変動に関する政府間パネル (Intergovernmental Panel on Climate Change、略称 IPCC) が第 4 次評価報告書で助言した「2020 年までに温室効果ガスの 25% ないし 40% の削減」を正式な決定に含めるかどうかであった。EU は、気候変動問題の有効な解決策という見地から、より明確に数値を示すことを支持した。米国、日本、カナダ、ロシアは、途上国も同様に一つのグループとして削減すべきであると指摘した。これに対して途上国は、条約に基づく排出削減義務は受け入れられないと想定された。結局のところ、BAP からは関連の文言が削除された。

第三のポイントは、締約国の緩和行動である。条約の下における長期的協力のための行動に関する対話の成果に基づき、新たに始める交渉作業部会は、四つの主要議題について議論することになった。それは、緩和 (Mitigation)、適応 (Adaptation)、資金の拠出 (Finance)、そして技術移転 (Technology Transfer) の四つである。特に、緩和に関する行動が、交渉の対立点となった。緩和については、会議の最後まで交渉が続き、インドネシアのラシマット・ウィトエラー (Rachamat Witoelar) 議長が閉会前に議長案を提示したが、最後の本会議でも米国と中国、インドを含む途上国間の対立が表面化した。これを象徴する出来事として、パプア・ニューギニア環境気候変動特使兼大使ケビン・コンラッド (Kevin Conrad) 氏が会議の最終局面で、米国に対して「もし指導的役割を果たすことが出来ないのであれば、われわれに任せてほしい。邪魔しないで下さい」(If you cannot lead, leave it to the rest of us. Please get out of the way.) と発言したことである。この発言の後まもなく、米国は草案に賛同した。米国の賛成に伴い、「条約の下における長期的な行動に関する決定」（決定 1/CP.13）、いわゆるバリ行動計画が採択された。

このように、先進国と途上国間の激しい利害対立を背景に、2007 年に新たに発足した AWG-LCA は、米国、中国、インドなど主要排出国を取り込んだ形で立ち上げられた交渉の場であり、ポスト京都議定書枠組の下地となる草案の作成について先進国に期待が寄せられていた。それを示すものとして、ポスト京都議定書枠組の交渉内容に関し、各交渉国はバリ会議で次の内容を BAP に明記することで合意した。それは、新たな気候変動枠組を議論する際に、共通のビジョン[75)]、緩和[76)]、適応[77)]と資金及び技術移転[78)]といった四つの主要要素に焦点を当て、長期的な協力関係について AWG-LCA で議論するというものである。

## 2．バリ行動計画の主な内容

バリ行動計画は前述の四つの主要議題によって成り立っており、これらの項目について、条約補助機関の下で、2009 年に開催される COP15 までに交渉作業を終え、その成果を報告するよう決定した[79)]。第一の共通のビジョン（A shared vision）は、気候変動に対処するための長期的なシナリオを指す。ここでの「長期」とは、国連交渉や主要国首脳会議をはじめとする多国間対話によって、2050 年を基準にした一つの世界全体の目標を意味している。しかし、先進国と途上国は、締約国間の責任分担に関する共通だが差異ある責任と各国の能力原則に基づき、共通のビジョンに向かって歩み寄ってはきたものの、依然、完全に立場を一致させるには至っていない。

第二の緩和については、BAP では先進国による緩和の行動とは「すべての先進国締約国による、MRV で各国に適合する緩和の約束または行動、これには排出制限及び削減の数量目標を含む。なお各国の事情の違いに配慮した上で、それぞれの取り組みを比較できるようにする」[80)]とされている。また途上国による緩和の行動についても、「技術、資金及び能力向上による支援を受け、実行可能となる持続可能な発展の概念に則った、途上国締約国による各国に適合する緩和の行動、これは計測・報告・検証が可能な方法で行われる」[81] と記述されている。即ち、BAPでは、先進国と途上国の両方に緩和のための行動が求められている中で、緩和の約束または行動が、国別の事情に配慮して、MRVの下で行われるとされた。BAPでは、必要な温室効果ガス削減分を締約国に割り当てるという京都議定書の方式とは異なり、緩和に関する約束、若しくは行動が、締約国の都合に合わせて設定されたのである。この点は、米国が国内事情によって法的削減目標を受容しないことと、新興国を含む途上国が法的削減目標を受け入れないことに鑑みて取られた現実的方策であったが、気候変動の深刻化を予防する手段としてはこの後に主要排出国の間で激しい論争を呼んだ。

第三の適応に関しては、「適応行動の速やかな実施を支援する国際協力には(中略)、すべての締約国の脆弱性を軽減する方法が含まれる。いずれも気候変動の悪影響をもっとも受けやすい途上国、特に後発途上国及び小島嶼開発途上国の緊急の、及び当面のニーズに配慮し、さらに旱魃、砂漠化、洪水の影響を受けるアフリカ諸国のニーズを考慮に入れる」[82] と定め、気候変動によりもたらされる災害や需要に応じて支援を提供するように定めた。

第四の資金及び技術移転（Finance and Technology Transfer）については、BAPでは「緩和及び適応のための行動並びに技術協力を支援するための資金源及び投資を提供する行動の強化」、そして「緩和と適応の行動支援を目的とする技術開発及び技術移転の行動の強化」について検討する、と規定されている[83]。

BAPは、「第15回締約国会議での採択を目標に、2009年までにその作業を終了し、成果を締約国会議に提出する」[84] という記述により、新たな交渉方式の作業期間を示し、ポスト京都議定書枠組交渉に関する工程表を提示した[85]。具体的には、2009年12月にCOP15が開催されるまでの2年間を交渉期限とし、UNFCCCと京都議定書によりそれぞれ設置が定められたAWG-LCAとAWG-KPという二つの特別作業部会において並行して交渉を進めることが、ポスト京都議定書枠組成立に向けて開始されたのである。

## 3．バリ行動計画の実施状況

【図3-1】は、2008年から2012年までの気候変動枠組交渉の組織図である。UNFCCCを事務局として、条約締約国会議（COP）と京都議定書締約国会議（MOP、両者をあわせてCMPと称す）が設置されており、AWG-LCAとAWG-KPはそれぞれCOPとCMPの下で交渉を進めることとした。その成果に関する報告書草案をそれぞれ、COP又はCMPへ提出し、本会議での検討と採択を委ねる。UNFCCCは、毎年COP締約国会議を開催しているが、2005年の京都議定書発効以降はCOPおよびCMPを同時開催するようになった。2008年以降に、COPではAWG-LCAの報告書を基に決定を採択したのに対し、CMPはUNFCCCと京都議定書の締約国会議であることから、京都議定書関

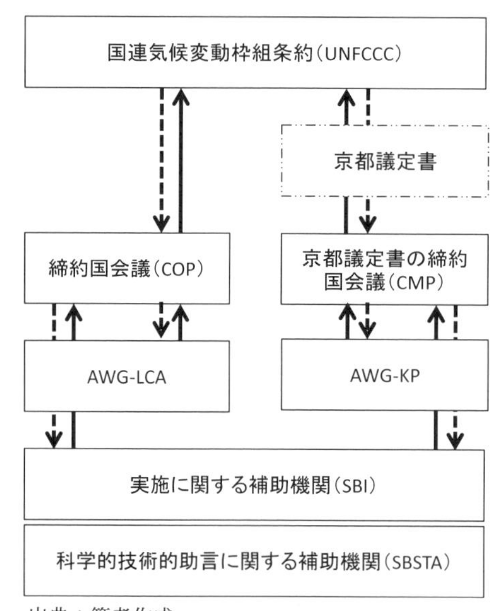

出典：筆者作成。

【図3-1】バリ行動計画成立後の気候変動に関する国連交渉の組織図（2007-2011年）

SBI：Subsidiary Body for Implementation）
SBSTA：Subsidiary Body for Scientific and Technological Advice
実線は報告することを指す。点線は任務（マンデート）を与えることを指す。
矢印は対象の方向を意味する。

連の議題やAWG-KPの報告書に基づいてCMPの決定を作成・採択する。

また、AWG-LCAの交渉にはUNFCCCの締約国全てが参加するが、AWG-KPの交渉には京都議定書締約国のみが参加している。具体的には、AWG-LCAには米国を含むUNFCCCの締約国である194カ国とEU、合計195締約国・地域(2014年3月現在)[86]が参加していた[87]。一方、194カ国のうち京都議定書署名済み・未批准の米国は、AWG-KPにはオブサーバーとして参加するだけで、実質的には参加しておらず、AWG-KP参加国は193カ国とEU、合計194締約国・地域となっている[88](2014年3月現在)[89]。

国連気候変動交渉では、AWG-LCAとAWG-KPのそれぞれにおいて190カ国以上にも及ぶ交渉代表が議論を進めるが、交渉国が多数存在するため、各交渉国は常に自国の立場や利害関係が近い国々と交渉グループを組織し、大抵、グループ交渉の形で折衝する。一つの作業部会内に主張の異なる多くの途上国グループが存在することで、気候変動の責任問題で発生する途上国と先進国との対立に加え、途上国グループ内にも亀裂が生じる傾向がある[90]。2009年に開催されたコペンハーゲン会議まで、少なくとも17個の交渉グループが存在していた[91]。議題の複雑化に対応し、合意達成の可能性を高めるためのグループ間交渉であったが、地政学上の理由などによりグループ数が増えすぎて効率の良い国際交渉ができなくなっていた。これを背景に、国連の枠組の外においても独自の気候変動政策が決定されるなど、実質的な国家間の利害調整は多国間協議の下でそれぞれなされるようになっていった。この点については次節で詳述する。

## 三．国連外における多国間協議の進展

### (一) 多国間協議

#### 1．主要8カ国首脳会議（G8サミット）

主要8カ国首脳会議(以下、G8と称す)とは、イギリス、カナダ、フランス、ドイツ、イタリア、日本、ロシア、米国の8カ国の首脳及び欧州委員会の委員

長が参加して行われる会議である。同会議は毎年各国持ち回りで開催され、国際社会が直面する様々な分野での課題、例えば政治、経済、貿易、安全保障、開発、環境などの問題を中心として議論を行う。G8では、諸問題の解決について主要国のリーダーシップを強調し、迅速かつ有効な対応を求めている。またG8は首脳など指導者間の協議を通じてコンセンサスを形成し、意思決定を行う。会議の主な成果及び協議の内容は「G8首脳声明」、「G8コミュニケ」または「議長総括」としてまとめられる。

2005年以降、気候変動問題への対処も、G8における主要なテーマの一つとなっており、同年8月のG8グレンイーグルズ首脳会議で初めて、気候変動への対処が主要な議題の一つとなった。そのため、G8は初めてG8+5（G8及び経済新興国[92]の5カ国：ブラジル、インド、中国、メキシコ、南アフリカ）という形式で開催され、気候変動対策について協議を行った。2005年のG8+5会合に際して、三つの文書「総論：気候変動、クリーン・エネルギー、持続可能な開発」(以下「総論」と称す)と、「グレンイーグルズ行動計画：気候変動、クリーン・エネルギー、持続可能な開発」(以下「行動計画」と称す)及び「議長総括」が発表された。議長総括では、「気候変動は現在起きており、人間の活動がその原因になっていること、地球のあらゆる場所に影響を及ぼす可能性がある」[93]ことが会議の参加国によって受け入れられた。

「総論」では、「気候変動は、地球のあらゆる場所に影響を及ぼす可能性のある深刻かつ長期的課題である」とされ、「化石燃料エネルギーの需要及び使用の増加、その他の人間活動が、我々の地球の表面の温暖化に密接に関係し、温室効果ガスの増加の主要な原因になっている」との見解を示した。また、「環境に関する科学的な理解には不確定な面がある」と主張すると共に、「温室効果ガスの増加を減速させ、科学的にみて適当なレベルに抑制し、そして減少に転じさせるために今行動すべきことを認識する」と表明した。主要国は、人類が「気候変動への対応、クリーン・エネルギーの促進、及びグローバルな持続可能な開発の達成において、深刻かつ連関した課題に直面している」とし、「気候変動、クリーン・エネルギー、持続可能な開発に関する対話を進め、その他の主要なエネルギー需要国の参加を招請する」ことに合意した[94]。IPCCの第4次評価報告書がまだ発表されていなかったこともあり、先進国と新興国が、2005年の時点では気候変動の悪影響などに関する不確実性を認めつつ、対処の手段を探っていた。グレンイーグルズでは、先進国主要8カ国と新興国の間で、「エネルギー安全保障と持続可能な開発を追求しつつ、気候変動に取り組み、クリーンな技術を促進するようグローバルな協力が必要である」[95]と主張した。具体的には、クリーン・エネルギー技術の向上、クリーン・エネルギーの普及及びエネルギー効率化の促進が重要であることが合意された。

また、「行動計画」では、気候変動、クリーン・エネルギー、持続可能な開発におけるそれぞれの目標を達成するために、「エネルギー利用方法の転換」、「将来に向けたクリーン電力の推進」、「研究開発の促進」、「クリーン・エネルギーへの移行のための資金調達」、「気候変動の影響への対処」、「違法伐採への取り組み」という六つの分野で主要排出国間の協力を図ろうとした[96]。気候変動の影響への対処には、情報へのアクセスと科学的能力の開発が必要とされるため、既存の制度を通じて途上国における適応と緩和能力の向上が強調された。同時に、「全地球観測システム（The Global Earth Observation System of Systems、略称GEOSS）のための10カ年実施計画」の採択と実行を支持し、気候変動の状況に対するモニタリング及びデータ解析に関する協力を推進する意図を表明した。さらに、リスク管理に関する指針の策定と実施を呼びかけた。「行動計画」では、「被援助国政府及び地域社会と協議しつつ、世界銀行に対し、気候によるリスクがいかに同銀行の業績に影響を与え、またそのようなリスクを管理するには最善の方法は何であるかを判断するために、気候の影響を受けやすい部門への投資を審査する上でのベストプラクティス・ガイドラインを策定し実施することを呼びかける」[97]ことが合意された。このように、主要国間の主な議題として技術協力と資金援助が浮上し、これらはのち（2007年）のバリ会議で、BAPの主要な作業内容の一部に含められることとなった。

2007年7月に発表されたIPCCの第4次評価報告書と、同年12月に閉幕したバリ会議を受けて、2008年のG8北海道洞爺湖首脳会議では、「エネルギー安全保障と気候変動に関する主要経済国首脳会合宣言」(以下「宣言」と称す)が発表された。「宣言」においては、「気候変動は、我々の時代の重大な地球規模の挑戦の一つである」とし、「(略)気候変動と闘うことにコミットするとともに、気候変動と相互に関連する、エネルギー及び食料安全保障と人類の保健衛生を含む持続可能な開発の挑戦に立ち向かう」ことを表明した。また、「挑戦の規模と緊急性を認識し」、UNFCCC の実施強化とともに、「生態系が気候変動に自然に適応し、食糧の生産が脅かされず、かつ経済開発が持続可能な態様で進行することができる」ことが目標とされた[98]。

また「宣言」では、主要 8 カ国が UNFCCC に対して三つの側面から建設的に貢献することが表明された。まずは、政治的、政策的、技術的レベルでの対話を通じて、条約の下で諸方策を検討し、世界的な気候変動と闘うための政治的意思を引き続き動員するとともに、国家間の信頼を醸成し、国際社会が直面する多くの挑戦について相互の理解を深めることを目指すとした[99]。第二に、共通の理解こそが国際社会を前進させる一助であるとし、2009 年までに合意を達成する意欲を示した。第三に、緊急行動の必要性とバリ行動計画で定めた指針を認識し、必要とされる行動を速やかに進めることとした。G8 は、気候変動の深刻化をエネルギーや食料安全保障問題にリンクさせ、主要国が対応策を作成・実施すべきだと主張し、一方では数的に優位な途上国に配慮し、国連プロセスに基づく政策決定の重要性を強調した。G8 の目的は、国連外でなされた主要国間の利害調整を、如何に国連プロセスで実現するかにあった。

グレンイーグルズ会議以降、イギリスの主導の下で気候安全保障論の観点が浮上し、特に 2007 年に第 4 次評価報告書が発表されてからは、主要国が気候変動の深刻化を地球規模の挑戦とみなすようになった。例えば、2013 年 4 月の G8 外相会合で出された議長声明では、「地球規模の安全保障上のリスク増大の要因として、気候変動の潜在的影響や環境及び資源に対する負荷について、関心のある G8 諸国の政府関係者間で検討した」と明記された[100]。気候変動の深刻化への懸念に基づき、温室効果ガス排出の削減などを通じて対応するとともに、エネルギー安全保障の確保、技術の向上による低炭素社会の実現、持続可能な経済開発と成長を同時に達成する目標が形成された。なかでも、再生可能なエネルギー、クリーン・エネルギーや炭素回収・貯留（Carbon Capture and Storage、略称 CCS）の実効的な運用と普及に関する「技術の極めて重要な役割及び技術の飛躍的な進歩の必要性の確認」[101)]について言及された。

また、「適応は、不可避な気候変動の影響に取り組む上で不可欠である」[102)]とされ、適応に関する政策、戦略と技術の強化及び資金の動員規模の拡大を強調した。この点は、G8 主要国首脳会議のみならず、以下に述べるエネルギー安全保障と気候変動に関する主要経済国会合、エネルギーと気候に関する主要経済国フォーラム、クリーン開発と気候に関するアジア太平洋パートナーシップ、アジア太平洋経済協力と東アジア首脳会議の下でも活発な議論が交わされた。

## 2. エネルギー安全保障と気候変動に関する主要経済国会合（MEM）

「エネルギー安全保障と気候変動に関する主要経済国会合」（Major Economies Meeting on Energy Security and Climate Change、略称 MEM）とは、米国の提唱で 2007 年に発足した温室効果ガスの主要排出国会議であり、その目的は気候変動に対処するための多国間提携・協力枠組をめぐって話し合い、国際交渉の進展やポスト京都議定書の制度構築を促すことである。MEM の参加国は G8 各国、中国、インド、ブラジルなど主要新興国、国連及び EU の代表など 17 カ国を含み、参加国の温室効果ガス総排出量は世界全体の約 8 割を占めている。UNFCCC 第 13 回締約国会議（COP13）の開催を控えた 2007 年 9 月、ブッシュ（George W. Bush）米大統領はワシントンで初の MEM を開催した。米国はこの会合を皮切りに、2013 年以降の気候変動枠組をめぐる国際交渉で主導権を発揮しようとしたのである。

MEM の初会合では、ブッシュ大統領が演説し、「気候変動への対処にはクリーン・エネルギー技術が鍵であり、米国は環境及びエネルギー技術分野で主導的な役割を果たす」と表明した。例えば、途上国に対するクリーン・エネルギー関連の支援を提供することや、国際的なクリーン技術基金の創設について言及した。また、コンドリーザ・ライス（Condoleezza Rice）米国務長官は気候変動問題を「テロや兵器の拡散と並ぶ地球規模的な問題」と位置づけ、2013年以降の気候変動国際枠組実現のため、途上国を含む主要排出国の間で中長期的対策及び排出削減目標を共有しようとした[103]。

米国にとっては、米国内の施策を確保するために、新興国の実質的な行動が是非とも必要であった。しかし中印などは、その他の途上国が不在の中で議論を進めることに難色を示し、MEMをもってUNFCCCでの交渉に代替させようとする、米国をはじめとする先進国の狙いを懸念していたのである。この状況については、前章で述べた国際レジーム間の重複がもたらす競合関係と理解できる。特に、米国が狙うレジーム・シフティング、すなわちUNFCCCに依拠する共通だが差異ある責任からMEM、並びに後述する、MEFに依拠する「すべての主要国による対応」という対処原則への転換は、多くの途上国に警戒心をもたらした[104]。

具体的には、中国の交渉代表である中国国家発展改革委員会副主任、解振華氏が2007年9月の第1回MEMにおいて、「国際社会が共通だが差異ある責任を堅持し、UNFCCC及び京都議定書の枠内で国際協力を強化し続けなければ、問題は有効に解決されない」と発言し、「米国のイニシアティブによる今回の会議は、UNFCCCに基づく交渉に『有益な補完』とすべきである」との考え方を示した。これに対して米国の交渉代表は、MEMはUNFCCCに代替するものではないと強調し、途上国の警戒感を払拭しようとした[105]。翌年(2008年) 1月の第2回MEMで、解氏は「先進国は2012年以降にもUNFCCCと京都議定書の下で排出削減の数値目標を約束すべく、一方で京都議定書に国内批准していない先進国(米国：筆者)がその量的排出削減と京都議定書に基づくその他の先進国の排出削減義務との比較可能性（comparability）を保つべきである」と強調し、米国による行動を求めた[106]。また関係者は、米国が自国の目的を実現するために国連の外で新たな枠組を立ち上げようとすると懸念しているという[107]。これを米国は改めて否定し、会議の目的が国連枠組の下での国際交渉を推進し、補完することであると説明した[108]。さらに、同年4月の第3回MEMにおいても、中国の交渉代表は「気候変動問題への対処の突破口を作りたいなら、UNFCCC、京都議定書とバリ行動計画の下で国際交渉を実施しなければならない」と繰り返し強調した[109]。このように、MEMの開催を主導した米国に対して、途上国である中国の警戒心が強まっていたことが窺える。

2007年9月の時点では、適応や技術関連の議論は進んだものの、気候変動問題への対処をめぐる先進諸国と新興国との間の不信感は依然払拭されずにいた。こうした関係は、前述のCOP13の交渉過程にも反映されており、バリ行動計画は、国連内外で行った対話と協議の成果をまとめる形で採択されたが、交渉の方法と主要な議題を定めたに過ぎなかった。とはいえ、2009年のコペンハーゲン会議に向けた国連交渉が膠着する中で、国連外での多国間協議がさらに頻繁に行われるようになった。

## 3. エネルギーと気候に関する主要経済国フォーラム（MEF）

米国は、民主党のオバマ(Barack H. Obama)政権に政権移行した後もMEMを継続させ、2009年4月に、会合を「エネルギーと気候に関する主要経済国フォーラム」(Major Economies Forum on Energy and Climate、略称MEF)と名称変更して開催し、MEMの参加国にCOP15の主催国であるデンマークを加えた。MEMとMEFは、参加国の数は少ないながらも、それらの国が世界全体の温室効果ガス排出量の約9割近くを占めている。またMEMとMEFは、国連外の交渉であるため条約としての法的な拘束力がなく、より政治的柔軟性が付与されている。この点についても、MEMやMEFはUNFCCCと大きく異なっている。法的な拘束力のない将来の国際枠組の構築に対する途上国と欧州連合の反発により、MEFと国連交渉との競合関係が見られた。2009年の4月にはワシントンでオバマ政権下初のMEFが開催され、2015年11月のUNFCCC第21回締約国会議までに、すでに23回の会合を開催した[110]。特にMEFでは、2009年7月9日にコペンハーゲン会議に向けて「MEF首脳宣言」を採択した。

MEF首脳宣言では、気候変動問題が「世界全体として異例の対応を必要とする明白な危険(danger)を及ぼしている」[111]との見方を示し、対応策としては、開発途上国の経済・社会開発の優先順位を尊重しながらも、低炭素経済への移行、クリーン・エネルギー転換技術の必要性、最も低い費用による対処、緩和と適応策に対する均衡に注意を払うべきであるとの合意に達した。宣言の冒頭は、経済、社会発展の事情が国によって異なるとし、適応策と技術移転への重視など、途上国の思惑が配慮された内容となっている。

また、産業革命以前の水準を基準として「世界全体の気温上昇を摂氏2度以内に抑える」という目標が共有されるようになり、この目標を実現するための行動として以下の内容が提示された。先進国は野心的な長期目標を設定し、また中期目標を迅速に実施する。一方で途上国の有効な排出削減行動は資金、技術及び能力構築によって支援される。また主要国は次のように指摘した。それは、先進国が約束した排出削減目標を達成するのに対し、途上国は「国別の適切な緩和行動」(Nationally Appropriate Mitigation Actions、略称NAMAs)を行い、低炭素成長計画を策定するとともに、これらの行動が測定、報告及び検証される対象であり、かつ透明性を持たなければならない、というものである。

さらに、気候変動の深刻化への対応について、適応に関する対策を推進することが確認された。特に、最貧国及び気候変動の進展に敏感かつ脆弱な国々に対する資金と資源の支援が不可欠であるとされ、適応策の推進に関わる技術の開発、普及と移転を可能にすることで一致した。MEF首脳宣言では、気候変動に対処するためのエネルギー効率性の向上、太陽エネルギー、バイオエネルギー、スマート・グリッド、CCSの推進、石炭技術の改善などに関し努力することが提示されており、技術の面での指導国が果たす役割が今後の国際交渉において期待されるとして盛り込まれた[112]。

資金面についても、途上国に対する先進国の支援の規模をさらに拡大する必要性が指摘された。資金源は官民双方の資金と炭素取引市場を含めて複数あり、緩和と適応策を行うために提供された活動資金は測定可能、報告可能かつ検証可能なことが必要である。資金援助の制度化について、宣言では、メキシコが提案した「緑の気候基金」(Green Climate Fund、略称GCF)のように、国際的な資金調達機構の設立を検討するとしている[113]。

資金と技術をめぐる国際交渉は、先進国と途上国、特に新興国によって重要視されている。資金と技術移転の制度化はコペンハーゲン会議以降の最重要課題として浮上し、議論が積み重ねられてきた。先進国は新興国が行動するよう、その動機付けのために、緩和と適応行動に対する資金と技術移転の仕組みの立ち上げに賛同した。それに対して中国、インドなど新興国は自国の持続可能な開発を図る一方、緩和策と適応策を実行することで与えられる資金と技術援助に関心を寄せており、先進国に支援を求めている。途上国の立場に対して、先進国は資金の拠出には既存の機関の専門的知見を参考にし、資金の支出管理を「透明、公平、効果的、効率的、かつバランスの取れたもの」としながら、資金利用の説明責任を果たす必要があるとした[114]。

2009年のコペンハーゲン会議に向けて、主要経済国・排出国は緩和の目標、適応策の推進、資金及び技術移転の必要性等の点について概ね一致し、MEF首脳宣言は実際、のちの「コペンハーゲン合意」と「カンクン合意」の土台となった。しかし、国連交渉とMEFの間には対処の原則や国際枠組の法的性格をめぐって競争が起こり、前述の二つの国連作業部会の対立と、複雑化した交渉グループ間の不信感により、国連交渉における議事の進行は混乱し、破綻寸前に至った[115]。このいきさつについては、次章で詳述する。

MEF首脳宣言は、結果として同年12月にCOP15で作成されたコペンハーゲン合意の骨格となり、翌年のカンクン合意によって実施が追認された。コペンハーゲン合意には米国が主張する中国、インドなど新興国の参加が盛り込まれており、また気温上昇を摂氏2度以内に抑制するために各国が自主的目標を提示し、一方では法的義務が伴う数値目標の設定を回避しようとするなど、MEF首脳宣言の内容が概ねすべて反映されている。

### 4. 新興経済国閣僚級会議（BASIC）

「新興経済国閣僚級会議」（BASIC）とは、経済成長著しい新興国であるブラジル、南アフリカ、インド、中国が、途上国の利益を確保するために結成したグループである。コペンハーゲン会議を控えた2009年の11月26日から

27日にかけて、この4カ国代表が北京に集まり、COP15での交渉スタンスを協議した。これをきっかけに、気候変動問題に関する主要な途上国会議は4カ国の英文名の頭文字を取って英単語のBASIC（ASは南アフリカ）とされた。BASICは2009年のコペンハーゲン会議で協調した行動を取ろうとし、会議中に連日協議を重ねながら、交渉に対する影響力を増していた。コペンハーゲン会議終了後に第1回BASIC閣僚会議がインドのニューデリーで開かれ、これまでに中国、インド、ブラジル、南アで合計22回（2016年4月現在）にわたって会議を開催してきた。BASIC閣僚会議は、中国やインドなど主要な途上国が国連の外で立場を揃えるよう調整するための場であり、先進国による主要8カ国首脳会議とは気候変動への対処問題において競合関係にある。

2009年12月のコペンハーゲン会議では、BASICが主要途上国として交渉の立場を一つにして、会議の2日目に英紙にリークされた「コペンハーゲン・アグリーメント」（Copenhagen Agreement）に対抗し、「コペンハーゲン・アコード」（Copenhagen Accord）と題した文書を用意し、途上国の利益を確保するための枠組の草案を発表した。米国、日本、カナダなどUG諸国は京都議定書から逸脱する形で、将来の枠組構築に関する交渉をすべてAWG-LCAの下で議論するという、二つの作業部会（AWG-LCAとAWG-KP）の一本化を主張していた。しかし、UG諸国の主張に対して、BASICは2012年以降にも京都議定書の継続とAWG-KPの下での交渉を支持し、両作業部会の一本化に断固反対した。このため、国連交渉が崩壊することを避けるために、結局、両作業部会の併存を維持した形で交渉を進めることとなった。ポスト京都議定書の気候変動枠組の国際交渉において、新興国による実質的な排出削減への貢献がEUを含む先進国に強く求められているなか、BASICの交渉力が次第に高まっており、合意の行方を左右するようになった。

BASICは2015年4月までに22回にわたって閣僚会議を開き、国連の共通だが差異ある責任と各国の能力原則及びバリ行動計画に従った交渉の継続を共同声明で強調した。BASICは、その他の多国間協議によるレジーム・シフティングを懸念し、国連における交渉の継続を強調しつつ、先進国からの資金と技術支援を求めている。先進国から資金、技術及び気候変動の深刻化への対応能力の強化を手に入れるに当たって、主要途上国は自主的緩和目標を約束した。一方、先進国にとっては、自国の持続可能性の確保及び気候変動の根本的な解決を成し遂げるために、経済新興国を含む、より多くの主要国の協力に基づいた多国間対処制度を立ち上げる必要があった。両者は異なる目的を追求しているにもかかわらず、国連外における多国間協議を積み重ねることによって、自国の経済成長と持続可能性の維持、及び気候変動問題の緩和と適応を可能にする方針で一致することが考えられる。例えば、途上国はMEFを通じて資金や技術に関する支援の提供を先進国に約束させることができた。これについては、米中間の二国間協力を事例として、第六章で分析する。

## (二) 地域的国際協力

### 1. クリーン開発と気候に関するアジア太平洋パートナーシップ (APP)

2005年から2009年まで、多国間協議が頻繁になされる一方で、気候変動への対処をめぐって、地域的多国間協力も行われるようになった。例えば「クリーン開発と気候に関するアジア太平洋パートナーシップ」(The Asia-Pacific Partnership on Clean Development and Climate、略称APP) はそのような地域的協力の一例であり、2005年7月に米国の主導で設立され、2007年10月にカナダが7カ国目の参加国として正式に加わった。APPの参加国は米国、日本、中国、インド、韓国、豪州、カナダのわずか7カ国であるが、世界全体の温室効果ガス排出量に占める割合は55.24%にも及んでいる。

APP設立の第一の目的は、米国が京都議定書を離脱することによってもたらされた国際的非難と圧力の軽減である。また、米国にとって第二の目的は、UNFCCCに対抗して、APPを利用しながらフォーラム・ショッピングまたはレジーム・シフティングを推進することであったと思われる。2006年1月12日に合意した「クリーン開発と気候に関するアジア太平洋パートナーシップ憲章」(以下「憲章」と称す)では、あえて「パートナーシップの目的が、京都議定書を代替するものではなく補完するものであり、気候変動に関する国際連合枠組条約と他の関連する国際文書の原則に則ったものである事に配慮する」[116]と強調された。米国による主導的な行動に対して中国やインドが警戒心を強める中で、この文言は途上国の懸念を払拭するための手段であったと思われる。

米国の京都議定書離脱問題では、中国やインドなど新興国との排出削減義務の不公平性が焦点となったが、APPは米、中、印各国の参加を最低限確保するために、気候変動の深刻化、温室効果ガス濃度とエネルギー安全保障、エネルギー需要の増大への対処を参加国全体の課題として、法的な義務或いは拘束力を付与することなく、京都議定書、UNFCCC及びその他の国際文書を補完するための多国間体制の成立を目指している[117]。

APPの「憲章」では、参加国同士が「クリーンな技術の開発、普及、展開、移転」に関する、自主的で法的拘束力を持たない国際協力の枠組の構築を目的とし、開発、エネルギー、環境、気候変動問題への対処に関する政策案及び開発とエネルギー戦略を共有するための対話協力を推進する、とされている。具体的には、各参加国間の「政策手段の形成と実施に関する経験と情報の交換」、「クリーン開発の戦略と温室効果ガス排出原単位の削減活動に関する情報の交換」、「環境整備の障壁の特定、査定と対処」、「気候関連技術の情報共有化」「人的及び組織的能力開発と民間部門の関与」などがAPPの主な機能として合意されている[118]。

また、APPの「ビジョン声明」では、エネルギー安全保障や、気候変動対策としてのクリーン技術における具体的な協力分野として、省エネ、クリーン石炭技術、天然ガス、炭素隔離、メタン回収、原子力発電、バイオや水力など再生可能エネルギーを列挙している。また、温室効果ガス排出の大幅かつ長期的な削減のための協力分野として、水素、ナノテク、最先端バイオテクノロジー、次世代原子力発電、核融合などを挙げた[119]。APPにおける協力分野は発電部門と主要産業部門に集中しており、八つの分野別官民タスクフォースが設置された[120]。さらに、クリーン開発と気候変動対策を促す横断的な協力を促進するために、エネルギーの利用と効率に関する監査プログラムの実施及び既存のタスクフォースの補完、支援、調整を任務とする「アジア太平洋エネルギー技術協力センター」(Energy Technology Cooperation Centre、略称 ETCC) の設立が決定された[121]。

APP では、クリーン開発とその関連分野における各参加国の開発と実施状況、戦略及び経験の共有が強調されている。これらを達成するために、参加国間による対話の実施、情報の公開と交換、そして国家間の具体的協力内容の特定がパートナーシップの中核的な手段である。UNFCCC に対抗して、APP や MEM、MEF を用いてフォーラム・ショッピングやレジーム・シフティングを推進しようとした米国の姿勢に対し、中国やインドなど新興国は、前述のように不信感を抱いていた。しかし、先進国が APP について、既存の国際協力制度を「補完するためのもの」であると再三強調し、かつ対話方式で国家間の情報交換と具体的な協力作業を実施してきたことが、参加国間の信頼醸成の促進に役割を果たしている[122]。特に APP は、気候変動問題対応とエネルギー安全保障の解決を同時に図っているため、エネルギー効率の向上、クリーン・エネルギーの開発と利用、再生可能エネルギーの普及など、技術と制度上の革新が各参加国間の協力を通じて求められている[123]。

### 2. アジア太平洋経済協力（APEC）

「アジア太平洋経済協力」(Asia-Pacific Economic Cooperation、略称 APEC) は、アジア太平洋地域の持続可能な成長と繁栄に向けて、経済を主とする様々な分野で協力を促進するための地域的多国間協力枠組である。現在、先進国と途上国合わせて 21 の国と地域が参加している。APEC は多国間協議体制として定例化しており、毎年開催される首脳会議という形で各国の政治指導者が直接意見交換する場が設けられている。APEC の主要な関心分野としては、貿易・投資の自由化、ビジネスの円滑化、人間の安全保障、経済・技術協力などが挙げられる。

2007 年以降、APEC でも気候変動の深刻化への対応について多国間協議が行われている。世界全体の温室効果ガス排出量に占める割合が 64% にのぼる APEC は、大規模な多国間協議である（2011 年現在）[124]。2007 年 9 月には「APEC 気候変動、エネルギー安全保障およびクリーン開発に関するシドニー宣言」(以下「シドニー宣言」と称す) が発表され、同宣言では「気候変動は経済成長、エネルギー安全保障の両方に関連した課題である」とされた。また、APEC 参加国は、温室効果ガス排出の削減とともに各国のエネルギー需要の確保を図っている[125]。

気候変動の深刻化を食い止めるために、「シドニー宣言」では「APEC 地域全体でエネルギー集約度[126]は 2005 年を基準年として 2030 年までに少なくとも 25% 削減する」[127]ことが表明され、域内のエネルギー使用効率の改善が図られた。さらに、森林の保全について「森林面積を 2020 年までにすべての種類の森林を少なくとも 2,000 万ヘクタール増加させること」が APEC の全体目標として掲げられた。

「シドニー宣言」の採択を契機に、アジア太平洋地域における国家間協力の具体的な制度が構築された。一つは、クリーン化石エネルギー及び再生可能エネルギーの開発において、エネルギー研究の共同作業を強化するため、「アジア太平洋エネルギー技術協力ネットワーク（Asia-Pacific Network for Technology、略称 APnet)」が多国間の協力の下で立ち上げられた。また、国家の森林分野における能力構築、森林経営に関する情報の共有を強化するために、「持続可能な森林経営及び再生のためのアジア太平洋ネットワーク」を設立した。これは、胡錦濤中国国家主席による、森林分野での能力構築と情報共有の提案が宣言に含められたものであると思われる[128]。

中でも最も画期的であったのは、2014 年 11 月に北京で開かれた APEC である。APEC において米国と中国は、2014 年 12 月の UNFCCC 第 20 回締約国会議を控えて二国間首脳会談を実施し、気候変動問題への対処案について米中共同声明を発表した（2014 年 11 月 12 日)。この共同声明によって、先進国と途上国の利害対立により長い間停滞してきた UNFCCC の気候変動交渉は、前進に向けて大きな一歩を踏み出したと評価できる。その理由は、共同声明において、両国の温室効果ガス排出削減の数値目標、若しくは排出量を頂点に到達(いわゆるピークアウト)させる時期がそれぞれ示されたからである。

具体的に、米国は2025年までに温室効果ガスの排出量を2005年基準で26～28％削減し、一方で中国は、2030年までに二酸化炭素($CO_2$)の排出量をピークアウトさせるという数値目標を公表した。このタイミングでの合意には、米中両国が翌月のリマ会議において「大国としての特別な責任」を強調し、国際的な枠組の合意を主導したい思惑があったとみられる。米国と中国が気候変動問題で従来の対立姿勢を崩し協力関係を築くようになった背景の一つには、気候変動問題で指導力を発揮することが、国際レジームの構築においても、国内レベル同士の協力においても、両国にとってメリットになることを、米中それぞれが認識するようになったことが挙げられる。詳しくは第六章で分析する。

APECと、前述のAPPに共通している点は二つある。第一に、APECやAPPのような地域的国際協力体制が、各国の政治指導者や閣僚間の直接のパイプとして機能しており、締約国や交渉国グループ間にある歴史的、政治的、または経済的対立関係などによる利害と立場の調整が難しい国連交渉とは異なっていることが挙げられる。APECとAPPは、日米等の先進国や中印等新興国にとって、相互の要求を理解し合うための柔軟性を持った手段であると考えられる。APECとAPPは気候変動問題のみを取り上げるわけではないため、途上国が持つ懸念と不信感は表面化していない。

第二の共通点は、APECとAPPのどちらにも米国、中国、日本など温室効果ガスの全体排出量に寄与度の高い国が含まれていることである。気候変動に対処するための政策を実効性のあるものにするには、米、中、日など主要排出国家間の協力が不可欠である。ただし、気候変動をめぐる国際交渉の歴史においては、米国、日本、カナダ、オーストラリア、ニュージーランドといった国々が比較的近い立場にいるため、中国やインドなど経済新興国に対する説得が課題である。

アジア太平洋地域は著しい経済成長を背景に、経済発展と環境保護を両立させるための持続可能な開発が求められている[129]。そこで、エネルギーの安全保障と温室効果ガス排出の削減と緩和が一つ大きなテーマとして浮上してきた。従って、APEC「シドニー宣言」の行動アジェンダには、エネルギー効率の向上、森林減少・森林劣化と森林火災の防止などを含む「アジア森林プログラムのパートナーシップ」の発展、APNetなどを通じた低排出技術と技術革新の推進、クリーンな石炭エネルギーやCCSを含む代替・低炭素エネルギーの利用及びエネルギー安全保障の確保などが盛り込まれた[130]。

### 3. 東アジア首脳会議（EAS）

東アジア首脳会議（East Asia Summit、略称EAS）とは、地域及び国際社会の重要なかつ共通の課題をめぐって、具体的協力を進展させるために2005年12月に発足した首脳レベルの対話の枠組である。EASには東南アジア諸国連合（ASEAN）加盟国及び中国、インド、日本、韓国、豪州、ニュージーランドが含まれており、2011年から米国、ロシアも正式参加した。2005年12月の第1回EASにおいて、エネルギー、金融、教育、鳥インフルエンザ、感染症対策と防災が優先協力分野として設定された。また、米国とロシアの参加に伴って、政治、安全保障分野での取り組みを強化することも確認された[131]。

2007年1月の第2回EASは、「東アジアのエネルギー安全保障に関するセブ宣言」（以下「セブ宣言」と称す）を発表した。「セブ宣言」は、地球温暖化と気候変動に対する緊急の対応が必要であり、「石炭のクリーンな利用及びクリーン石炭技術並びに地球規模の気候変動を緩和するための国際環境協力を促進する」[132]と宣言した。また、IPCCの第4次評価報告書の発表を受けて、同年11月の第3回EASは、「気候変動、エネルギー及び環境に関するシンガポール宣言」（以下「シンガポール宣言」と称す）を発表し、気候変動が途上国にもたらす負の影響に懸念を示し、途上国の適応能力の強化と地球全体の温室効果ガス排出の削減に取り組むべきだと強調した[133]。

「シンガポール宣言」では、気候変動、地域と地球規模のエネルギー安全保障、及びその他の環境、保健問題は相互に関連しており、実効的な対応策を導入するとともに、東アジア域内の各国の多様な状況に配慮すべきであると主張された。また、UNFCCCの共通だが差異ある責任と各国の能力の原則を強調し、持続可能な開発を促進するため、東アジア地域に極めて重要な適応と緩和の双方に重点が置かれるべきであるとした。また、緩和と適応措置を推進するには、「途上国の能力構築」、「投資、技術的・財政的支援及び技術移転によるクリーン技術の利用」、「適応措置に対する研究開発」、「エネルギー効率の向上とよりクリーンなエネルギーの利用」、「森林問題の改善」、「自然災害リスクへの対応能力と協力の強化」、「大規模気象災害の緩和のための適応戦略の策定」が取り上げられた[134]。

EASは、エネルギー効率の向上、再生可能及び代替エネルギーの利用、または森林資源の改善を通じて気候変動に対応しようとしている。また、EASは、適応策の重要性を強調している。適応策の対象は、例えば、環境の脆弱性の高い地域における被害及び悪影響、「気候の可変性（variability）と変動及びその他の環境問題」によって高まった自然災害のリスク、大規模な洪水を含む気象災害の発生などである。これらは人為起源の結果であるとともに、自然事象による被害も含まれているために、より効果的な対応が求められている。

APECとEASは、既存のアジア地域における多国間の協力枠組として気候変動問題に関心を寄せ、様々な文書を発表してきた。APPやMEM、MEFと異なり、APECとEASは気候変動問題への対処をめぐるルール作りを自らの目的としていない。そのため、APECとEASはUNFCCCと重複レジームの関係にはない。ただし、気候変動に対して関心を示すことによって、UNFCCCを含むその他の国連レジームと並立の関係を帯びるようになり、気候変動問題への対処における関係国の共通の意思を強化する役割を果たした。一方でAPP、MEMとMEFは、米国が独自の手法で気候変動問題を扱うために新たに立ち上げられたレジームであり、UNFCCCとの競合関係を帯びる結果となり、その事が途上国に強く懸念された。

## まとめ

本章では、京都議定書以降の気候変動交渉について、2005年から2009年のコペンハーゲン会議にむけた国連内外の多国間協議を中心に分析した。この時期における重要な出来事は主に二つあり、その第一は2007年のバリ行動計画の成立と実施である。BAPの目的は、米国を含む先進国と新興国の両方に実質的な行動を求め、双方の努力を伴う国際制度の構築を目指すことにあった。また、BAPは米国や中国、インドなど新興国を含むUNFCCCの締約国による対話の成果であり、共通のビジョン、緩和、適応、資金及び技術移転の四つを交渉の課題として定めた。これらの議題に焦点が当てられたのは、次に述べるように、2007年にBAP成立に先立って発表されたIPCCの第4次評価報告書の影響が大きいようである。しかしこの報告書の科学的知見を受け、「有効な対策を取らない場合、気候変動の深刻化が地球規模で多大な危険と悪影響をもたらす」という懸念が締約国の間に浸透した。こうしたことを背景に、BAPでは、気候変動の更なる深刻化を防ぐ緩和活動の他に、すでに起きている悪影響への適応策、またそれに伴う資金と技術資源の投入が重要視されるようになったのである。

しかしながら、2009年12月のコペンハーゲン会議に向け、BAPの内容を実施するための国連交渉は膠着状態に陥った。その理由は、先進国と新興国間、とりわけ主要大国間にある不信感の増大と、交渉グループ間の複雑な利害対立である。ただでさえ合意形成が困難な状況の中、米国を中心とする先進国がUNFCCCに対抗するために、自らのアプローチで多国間協議を発足させたことによって、先進国と新興国間の不信感と対立は一層強まった。新興国は先進国の要求に強い懸念を抱き、先進国による資金や技術の提供を求め、歴史的累積排出量に基づく先進国の対処責任を強調した。また、こうした対立に加え、途上国内部でも利益享受の構図によって更に多くの交渉グループが結成された。複雑化・多様化するプレーヤーがそれぞれの目標を強固に追求するようになったことで、合意形成の可能性は次第に遠のいていった。

2005年から2009年までの時期において注目すべき第二の事象は、国連の対処原則やBAPの実施をめぐる先進国と途上国間の論争とは対照的に、国連外における多国間協議や対話のプロセスが発展したことである。特にオバマ政権は、先進国と新興国を含む主要排出国、UNFCCC事務局、締約国会議の主催国を参加国とするMEFを開催してきた。MEFなどの多国間協議や対話プロセスは国連交渉の結果にも影響を与え、途上国が適応策と技術協力の実施、及びそれに伴う資金の援助に一層関心を寄せる一因ともなった。特に、気候変動による中長期的悪影響が明らかになるにつれ、適応のための行動がさらに重要視されるようになった。

また、米国をはじめとする先進国主導で低炭素やエネルギー関連の技術協力が提案され、途上国に国内緩和と適応行動への取り組みをすすめる動機となっている。BAPの採択以降は、その関連事項をめぐる議論が国連内外で活発化し、緩和や適応などに関する凡その目標と方針が主要国によって受け入れられるようになった。この傾向を示す最も大きな動きとして、中国、インド、南ア、ブラジルなどの新興国がコペンハーゲン会議の開催を控えて国内の自主的緩和行動と目標を表明したことが挙げられる。この目標は国際法上の拘束力はないものの、温室効果ガスの排出削減緩和行動に対する新興国の貢献の意思が見られた。

しかし一方で、この時期に途上国は先進諸国に対し非常に強い不信感を持っていた。特に、米国主導で開催されたAPPとMEM、MEFに対しては、途上国グループが先進国の歴史的排出責任を強調し、自国に有利とされるUNFCCCに代替させようとする動きであるとの見方を強めた。これは、気候変動問題への対処原則をめぐってAPP、MEM、MEFとUNFCCCと国際交渉の権限が重なっており、国際レジーム間の重複関係が見られたためである。先進国、特に米国によるフォーラム・ショッピングやレジーム・シフティングは、途上国の懸念と警戒心を招いた。例えば、UNFCCCの下で制度作りを継続させたい途上国に対し、米国などは途上国、特に経済新興国の実質的行動を要求した。にもかかわらず、途上国の強い反発を受け、中国やインドなど主要途上国を説得するために先進国も既存の国連交渉の継続に対し支持を表明せざるを得なかった。こうした事情に基づき、先進国はG8やMEF等多国間協議で合意した内容を国連の枠内で実現していくという課題に直面したのである。

主要国間の対話と協力レジームは、コペンハーゲン会議に向けて、国連の内外で同時進行的に、かつ頻繁に実施され、APECやEASなど既存の多国間協議が、エネルギー安全保障やエネルギー利用効率、クリーン技術開発の向上に関してそれぞれ声明を出した。しかし一方で、UNFCCC、APP、MEM、MEF、G8（先進国グループ）とBASIC（途上国グループ）が互いに異なる目的に基づいて対処原則をめぐって交渉するようになった。これによって、ポスト京都議定書への合意をめぐる国際交渉で複数の国際レジームの権限が重複し、相互の緊張関係を生み出した。こうした中、コペンハーゲン会議が開催されたが、議事進行が混乱する事態に陥った。先進国と途上国の間に十分な信頼関係が醸成されておらず、互いが互いの行動を監視していた。次章では、コペンハーゲン会議の交渉過程と成果を詳細に分析したうえ、会議の結果がその後採択された国際合意と国際レジーム間の関係にどのような影響をもたらしたのかを考察する。

注

49）ただし、ベラルーシとトルコは付属書I国であるが、付属書Bに該当する数値目標を有していない。

50）歴史的累積排出量（historical cumulative emissions）とは、工業革命以降（1850年代）より現在までの温室効果ガス排出量の合計を意味する。歴史的累積排出量は欧米諸国など先進工業国の対処責任を論じる際によく用いられている。

51）*$CO_2$ Emissions from Fuel Combustion,* 2009 edition, International Energy Agency (IEA).

52）UG諸国は、京都議定書採択後に形成され、UNFCCCにおける国際交渉グループの一つである。日本、米国、スイス、カナダ、オーストラリア、ノルウェー、ニュージーランドなどから構成される先進国グループである。主要国の頭文字を合わせJUSSCANNZ（ジュスカンズ）とも呼ばれ、EUと対立する立場にある。温室効果ガスの排出量が増加する一方で交渉において消極的な態度を取り、第4回締約国会議（COP4）以降にグループとして行動することが多い。また、アイスランド、メキシコ、韓国が入ることもある。

53）Robert Falkner, Hannes R. Stephan and John Vogler. (2010). “International Climate Policy after Copenhagen: Towards a ‘Building Blocks’ Approach,” *Global Policy* 1: 252-262.

54）2009年COP15での日本政府の公式発言、2009年12月（筆者が取った公式発言の記録による）。また日本は、米国が京都議定書に復帰するように説得しながら、共通の規則の下ですべての国家が参加する国際枠組の構築を強調してきた。

55）バリ行動計画第1段落b(1）を参照。

56)「国連気候変動枠組条約第11回締約国会議及び京都議定書第1回締約国会合（2005年11月28日～12月10日）概要レポート」(財) 地球産業文化研究所、4頁。
57) 旧ソ連・東欧の旧社会主義諸国など、市場経済への移行過程にある国々を指す。気候変動枠組条約および京都議定書では先進国と同様の義務を負うが、途上国への資金提供義務などが免除されている。全国地球温暖化防止活動推進センター、「温暖化用語集」を参照。
58) 具体的には、(1) 京都議定書未批准国の米国や削減義務のない途上国も含めたすべての国の参加の下、(2) 将来の対話を行う場が設定され、(3) 経験の交換、戦略的アプローチの開発及び分析のための対話を、(4) COPの指揮の下で先進国一名、途上国一名の共同議長による最大四回のワークショップの開催を行うこと、(5) 対話の結果のCOP12(2006年)、COP13(2007年) への報告、(6) 2006年4月15日までに各国の考えを提出して対話を開始することなど具体的作業手順とプロセスが合意された。「気候変動枠組条約第11回締約国会議（COP11）・京都議定書第一回締約国会議（CMP1）概要と評価」外務省：<http://www.mofa.go.jp/mofaj/gaiko/kankyo/kiko/COP11_2_gh.html>.
59) 第三条第九項では、「附属書Iに掲げる締約国のその後の期間にかかわる約束については、第二十一条第七項の規定に従って採択される附属書Bの改正において決定する。この議定書の締約国の会合としての役割を果たす締約国会議は、第三条第一項に定める一回目の約束期間が満了する少なくとも七年前に当該約束の検討を開始する」と定められている。第一約束期間が2012年末に満了し、2013年以降の附属書I国約束は、少なくともその7年前に当たる2006年に開始することを意味する。
60) "Article 3, Paragraph 9, of the Kyoto Protocol: Consideration of Commitment for Subsequent Periods for Parties Included in Annex I to the Convention," FCCC/KP/CMP/2005/CRP.2, UNFCCC, December 2, 2005.
61) "Article 3, Paragraph 9, of the Kyoto Protocol: Consideration of Commitment for Subsequent Periods for Parties Included in Annex I to the Convention," FCCC/KP/CMP/2005/CRP.1, UNFCCC, December 2, 2005.
62)「この議定書の締約国の会合としての役割を果たす締約国会議は、気候変動及びその影響に関する入手可能な最良の科学的情報及び評価並びに関連する技術上、社会上及び経済上の情報に照らして、この議定書を定期的に検討する。その検討は、条約に基づく関連する検討（特に条約第四条二（d）及び第七条二（a）の規定によって必要とされる検討）と調整する（後略)」京都議定書第九条一を参照。
63) "Article 3, Paragraph 9, of the Kyoto Protocol: Consideration of Commitment for Subsequent Periods for Parties Included in Annex I to the Convention," FCCC/KP/CMP/2005/CRP.3, UNFCCC, December 2, 2005.
64) "Draft Decision on a Process for Discussions on Long-term Cooperative Action to Address Climate Change," FCCC/CP/2005/CRP.1, UNFCCC, December 6, 2005.
65)「対話」は「討議」よりも柔軟性があり、法的拘束力を伴わないものであるとされた。従って、米国が「対話」を文書名に入れることに拘っていた。
66) "Dialogue on Long-term Cooperative Action to Address Climate Change by Enhancing Implementation of the Convention," FCCC/CP/2005/L.4/Rev.1, UNFCCC, December 9,

2005; "Dialogue on Long-term Cooperative Action to Address Climate Change by Enhancing Implementation of the Convention," FCCC/CP/2005/5/Add.1, UNFCCC, March 30, 2006.

67) Decision 1/CP.11, "Dialogue on Long-term Cooperative Action to Address Climate Change by Enhancing Implementation of the Convention," Article 1 (a) Advancing development goals in a sustainable way, (b) Addressing action on adaptation, (3) Realizing the full potential of technology; (4) Realizing the full potential of market-based opportunities, FCCC/CP/2005/5/Add.1, UNFCCC, March 30, 2006.

68) *Ibid.*, Article 7 (c).

69) *Ibid.*, Article 1.

70) *Ibid.*, Annex.

71) "Japan's Proposal for AWG-LCA: For Preparation of Chair's Document for COP14," September 30, 2008, Japanese government: <http://www.mofa.go.jp/policy/environment/warm/COP/COP14-p.html>.

72) "Security Council Holds First-Ever Debate on Impact of Climate Change on Peace, Security, Hearing Over 50 Speakers," SC/9000, UN Security Council, Department of Public Information, April 17, 2007, United Nations: <http://www.un.org/News/Press/docs/2007/sc9000.doc.htm>; "Implications of Climate Change Important When Climate Impacts Drive Conflict," SC/10332, UN Security Council, July 20, 2011, United Nations: <http://www.un.org/News/Press/docs/2011/sc10332.doc.htm>.

73)「国連気候変動枠組条約第 13 回締約国会議及び京都議定書第 3 回締約国会合（2007 年 12 月 3 日～ 15 日）概要レポート」(財）地球産業文化研究所、4 頁。

74) 日本案は、COP13 で入手したものである。Decision1/CP.13 (Draft), "Establishment of a Process at COP13 for the Consideration of a New International Framework to Enhance the Implementation of the Convention (JAPAN)."

75) バリ行動計画第一条（a)。

76) バリ行動計画第一条（b）の（i)～(vii）項。

77) バリ行動計画第一条（c）の（i)～(v）項。

78) バリ行動計画第一条（d）及び（e)。

79) バリ行動計画第二条。

80) バリ行動計画第一条（b）の（i）項。

81) バリ行動計画第一条（b）の（ii）項。

82) バリ行動計画第一条（c）の（i）項。

83) バリ行動計画第一条（d）及び（e)。

84) 緩和は温室効果ガスの排出量、温室効果ガス排出量増加率の削減などを含む温室効果ガス排出強度の緩和を意味している。経済成長率が高い途上国では温室効果ガスの GDP 当たり排出量（排出強度）が高く、かつ排出量が毎年増加するなか、温室効果ガスの排出量削減は非現実的である。そのため、排出強度や排出量成長率の緩和と称す。

85)「決定 1/CP.13：バリ行動計画」2007 年、(財）地球産業文化研究所訳：<http://www.gispri.or.jp/kankyo/UNFCCC/pdf/20080104_cp13.pdf>.

86) UNFCCC: <http://UNFCCC.int/essential_background/convention/status_of_ratification/

items/2631.php>.

87) AWG-LCA は 2012 年 12 月に開催された COP18 の閉幕をもって作業が終了した。

88) AWG-KP は京都議定書の第二約束期間が 2013 年から 2020 年までに設定されたことによって作業を終えた。

89) UNFCCC: <http:// UNFCCC.int/Kyoto_protocol/status_of_ratification/items/2613.php>.

90) Jon Barnett. (2008). "The Worst of Friends: OPEC and G-77 in the Climate Regime," *Global Environmental Politics* 8, pp.6–7; Sjur Kasa, Anne T. Gullberg and Gørild Heggelund. (2008). "The Group of 77 in the International Climate Negotiations: Recent Developments and Future Directions," *International Environmental Agreements* 8, pp.116–125.

91) 鄭方婷（2011）「気候変動問題の国連交渉に対する検討―『ツー・トラック』を中心に―」『問題と研究』40 巻、4 号、135–167 頁。

92) 新興経済国とは、急速の経済発展と経済成長を成し遂げた国々を指している。これらの国では、経済の急速発展に伴う温室効果ガスの排出量が急増している。本書では、分析の際、便宜を得るために、新興経済国を中国、インド、ブラジル、南アフリカの 4 カ国とする。

93)「議長総括（第 31 回グレンイーグルズ主要国首脳会議―G8 サミット）」2005 年 7 月 8 日、『データベース：世界と日本』(2012 年 3 月 16 日にアクセス)。

94)「気候変動、クリーン・エネルギー、持続可能な開発（総論）（第 31 回グレンイーグルズ主要国首脳会議―G8 サミット）」2005 年 7 月 8 日、『データベース：世界と日本』(2011 年 7 月 28 日にアクセス)。

95) 同前掲。

96)「グレンイーグルズ行動計画：気候変動、クリーン・エネルギー、持続可能な開発（第 31 回グレンイーグルズ主要国首脳会議―G8 サミット）」2005 年 7 月 8 日、『データベース：世界と日本』(2011 年 7 月 28 日にアクセス)。

97) 同前掲。

98)「エネルギー安全保障と気候変動に関する主要経済国首脳会合（MEM）宣言（第 34 回北海道洞爺湖主要国首脳会議―G8 サミット）」2008 年 7 月 9 日、『データベース：世界と日本』(2011 年 9 月 25 日にアクセス)。

99) 同前掲。

100)「G8 外相会合・議長声明（骨子）」外務省仮訳、2013 年 4 月 11 日。

101)「エネルギー安全保障と気候変動に関する主要経済国首脳会合（MEM）宣言（第 34 回北海道洞爺湖主要国首脳会議―G8 サミット）」2008 年 7 月 9 日、『データベース：世界と日本』(2011 年 9 月 25 日にアクセス)。

102) 同前掲。

103)「『エネルギー安全保障と気候変動に関する主要経済国会合（MEM）』概要と評価」外務省、2007 年 9 月 28 日。

104) 王瑞彬「综述：各方气候谈判立场概览 期待坎昆会议」(総括：気候変動交渉における各国の立場の概観　カンクン会議に期待)『中国网』2010 年 11 月 26 日（2013 年 8 月 6 日にアクセス)。

105)「中国代表：应对气候变化应坚持在联合国框架下合作」(中国代表：気候変動問題への

対処は国連枠組の下で協力を推進すべき)『人民日報』2007 年 9 月 29 日。

106)「解振华强调应切实落实巴厘岛路线图」(バリ行動計画の効果的実施を解振華氏が強調)『人民日報』2008 年 2 月 1 日。

107) 同前掲。

108) 同前掲。

109)「解振华：中国在应对气候变化方面贡献巨大」(解振華氏：気候変動問題への対処において中国による貢献が著しい)『北京新浪网』2008 年 4 月 21 日 (2013 年 8 月 8 日にアクセス)。

110)「エネルギーと気候に関する主要経済国フォーラム (MEF)」外務省 (2015 年 12 月 25 日にアクセス)。

111)「エネルギーと気候に関する主要経済国フォーラム (MEF) 首脳宣言」2009 年 7 月 9 日、外務省仮訳。

112)「(技術に関しての) リード国 (指導国：筆者) は、2009 年 11 月 15 日までに、行動計画及びロードマップについて報告し、更なる前進に向けての勧告を行う」「エネルギーと気候に関する主要経済国フォーラム (MEF) 首脳宣言」2009 年 7 月 9 日、外務省仮訳。

113) 同前掲。

114)「エネルギーと気候に関する主要経済国フォーラム (MEF) 首脳宣言」2009 年 7 月 9 日、外務省仮訳。

115) 鄭方婷 (2011)。

116)「クリーン開発と気候に関するアジア太平洋パートナーシップ (APP) 憲章」2006 年 1 月 12 日、クリーン開発と気候に関するアジア太平洋パートナーシップ公式ホームページ：<http://asiapacificpartnership.org/pdf/translated_versions/Charter_Japanese_Mar2008.pdf>.

117)「クリーン開発と気候に関するアジア太平洋パートナーシップ (APP) 憲章」2006 年 1 月 12 日、『データベース：世界と日本』(2011 年 11 月 3 日にアクセス)。

118) 同前掲。

119)「クリーン開発と気候に関するアジア太平洋パートナーシップ (APP) ビジョン声明」2005 年 7 月 28 日、『データベース：世界と日本』(2011 年 11 月 3 日にアクセス)。

120) パートナーシップ作業計画の八つの分野は「よりクリーンな化石エネルギー」、「再生可能エネルギーと分散型電源」、「発電及び送電」、「鉄鋼」、「アルミニウム」、「セメント」、「石炭鉱業」、「建物及び電気機器」である。「クリーン開発と気候に関するアジア太平洋パートナーシップ (APP) 第 1 回閣僚会議コミュニケ」2006 年 1 月 12 日、『データベース：世界と日本』(2012 年 6 月 10 日にアクセス)。

121)「クリーン開発と気候に関するアジア太平洋パートナーシップ (APP) 第 2 回閣僚会合コミュニケ」外務省仮訳、2007 年 10 月 15 日 (2012 年 5 月 2 日にアクセス)。

122)「クリーン開発と気候に関するアジア太平洋パートナーシップ (APP) 第 1 回閣僚会議コミュニケ」2006 年 1 月 12 日、『データベース：世界と日本』(2012 年 6 月 10 日にアクセス)。

123) APP は 2010 年 6 月以降に米国が予算の継続提供をしないことを背景に再編成され、

「エネルギー効率向上に関するパートナーシップ」(Global Superior Energy Performance Partnership、略称 GSEP）として省エネルギー問題に取り組むようになった。「電力セクターにおける APP(アジア太平洋パートナーシップ）活動の実績と GSEP(グローバルスーペリアーエネルギーパフォーマンスパートナーシップ）への取り組み」電気事業連合会（2013 年 5 月 18 日にアクセス)。

124）APEC の参加国は現在オーストラリア、ブルネイ、カナダ、チリ、中国、香港、インドネシア、日本、韓国、マレーシア、メキシコ、ニュージーランド、パプア・ニューギニア、ペルー、フィリピン、ロシア、シンガポール、チャイニーズ・タイペイ、タイ、米国及びベトナム、合計 21 カ国・地域である。

125)「(前略）化石燃料は、我々の地域及びグローバルなエネルギー需要において、引き続き主要な役割を果たすであろう。それらの、特に石炭の、よりクリーンな利用のための低排出・ゼロ排出技術に関する共同研究、開発、普及及び移転を含む協力は不可欠となるであろう。エネルギー効率の向上並びに再生可能エネルギーを含むエネルギー源及び供給源の多様化もまた重要になるであろう。原子力安全、保全及び核不拡散、とりわけその保障措置を確保した形での原子力エネルギーの利用は、これを選択するエコノミーにとって、一助となりうる」「気候変動、エネルギー安全保障およびクリーン開発に関するシドニー APEC 首脳宣言（第 15 回 APEC 首脳会議)」2007 年 9 月 9 日、『データベース：世界と日本』(2011 年 8 月 19 日にアクセス)。

126）エネルギー集約度とは、国民総生産（GNP）当たりのエネルギー消費量を指す。要するに「単位当たりの経済活動に要するエネルギーの量を表し、エネルギーの利用効率や産業構造のエネルギー依存度、気候条件等によるエネルギー利用度などを代表する」指標の一つである。『環境白書』環境省、1991 年。

127)「気候変動、エネルギー安全保障およびクリーン開発に関するシドニー APEC 首脳宣言」2007 年 9 月 9 日、『データベース：世界と日本』(2012 年 5 月 20 日にアクセス)。

128）張海浜（2010)『气候变化与中国国家安全』(気候変動と中国の国家安全）北京：時事出版社。

129）“Press Release: Strong Domestic Demand Drives Increasing Growth in East Asia Pacific,” World Bank, April 15, 2013

130)「気候変動、エネルギー安全保障およびクリーン開発に関するシドニー APEC 首脳宣言」2007 年 9 月 9 日、『データベース：世界と日本』(2012 年 5 月 20 日にアクセス)。

131)「東アジア首脳会議（EAS)」外務省：<http://www.mofa.go.jp/mofaj/area/eas/>.

132)「東アジアのエネルギー安全保障に関するセブ宣言」2007 年 1 月 15 日、『データベース：世界と日本』(2012 年 5 月 20 日にアクセス)。

133)「気候変動、エネルギー及び環境に関するシンガポール宣言」2007 年 11 月 21 日、『データベース：世界と日本』(2012 年 5 月 20 日にアクセス)。

134）同前掲。

# 第四章

# 「ポスト京都議定書」をめぐる国際交渉の発展

## はじめに

第三章では、UNFCCCにおける国際交渉の行き詰まりと国連外の多国間協議の成立との関係性を説明し、これらが互いに及ぼした影響と、複数の多国間協議の並立と重複がもたらすレジーム間の協力と競合関係の様態を分析した。本章及び第五章では、締約国の間にあった強い不信感が、コペンハーゲン会議を含む国際交渉と、前章で取り上げられた重複関係を有する多国間協議に如何に影響を及ぼし、最終的に如何に国連での合意が達成されたのかについて考察する。特に、先進国と経済新興国との対立構図の転換と、その理由を明らかにする。

気候変動の深刻化に対する対処責任をめぐって論争が続くなか、新興国を中心とした途上国グループは米国を含む先進国に対し、国別排出削減目標の約束と履行、途上国への資金援助、能力向上及び技術移転のための支援を要求するようになった[135)]。一方、先進国側は“共通だが差異ある責任”原則の下で、途上国が国内排出急増の緩和のために、実質的な行動を取るように求めた。双方はこのような構図の下で合意の可能性を探っていたが、コペンハーゲン会議では正式な国際合意は採択されず、国連交渉は破綻寸前に至った。

本章ではまず、ポスト京都議定書体制の構築に向けたコペンハーゲン会議をはじめとする国際交渉過程、合意文書の形成と内容、及び制度化された取り組みについて整理し、国連外の多国間政治過程の進展と影響、そして国連内外の制度間の関係を検証する。換言すれば、UNFCCC下における多国間交渉と国連外の政治対話と協議との相互作用に焦点を当て、気候変動の深刻化を食い止め、気候変動の悪影響に適応するための合意をもたらした主な要因について分析する。

## 一. COP15「コペンハーゲン合意」の誕生（2009年）

### （一）国際交渉の経過

第15回UNFCCC締約国会議は、2009年12月7日から19日までの2週間にわたってデンマークのコペンハーゲンで開催された。この一連の会議には、UNFCCCの第15回締約国会議（COP15）だけでなく京都議定書の第5回締約国会議（CMP5）の両方が含まれる。CMP5に合わせ、京都議定書の附属書I国による更なる約束に関するAWG-KP第10回会合（AWG-KP10）、UNFCCCの下での長期的協力行動に関するAWG-LCA第8回会合（AWG-LCA8）も開催された。

コペンハーゲン会議の開幕2日目に、英国のガーディアン紙（The Guardian）は、コペンハーゲン合意（The Copenhagen Agreement）と称する交渉草案（Danish Text）をスクープし、これは議長国のデンマークが事前に用意したものであると報じた。この出来事に対して、途上国からの激しい反発が起きた。このコペンハーゲン合意草案は、欧州連合（以下EUと称す）の主導による国連外協議で作成されたものであると見られたからである。たとえば、産業革命前のレベルより気温上昇を摂氏2度以内に抑制すること、及び先進国における排出量全体を遅くとも2020年までに頭打ちになるようにすること、さらに、世界全体で2050年までに1990年水準比で排出量を半減、或いは2005年水準比で58%削減することを盛り込んでいた。緩和についても、先進国はそれぞれ2020年或いは2025年までに、1990年の水準或いは2005年の水準からの排出削減目標、炭素相殺枠の利用上限数値などを設定し、先進国全体で2050年までに少なくとも1990年或いは2005年の水準比で80%削減するという目標を掲げていた[136]。

欧州が用意したと見られるこの草案は、これまでに国連の外において行われた多国間協議の成果を踏まえ、途上国による緩和行動を強く望む米国の立場を最大限に反映しながら、欧州諸国が従来から強調していた数値削減目標を明確化しようとしたものであった。また、国際的な相殺排出枠の売買は国内の削減行動に補充的な役割を果たすに過ぎないとの、EU の従来からの主張も盛り込まれていた。なお、途上国による NAMAs に対して、2020 年（暫定）までに BAU[137] 比で経済全体で逸脱する割合と、全体排出量がピークアウトする年度、2020 年（暫定）までの森林劣化の減少率などを途上国に提示するよう要求した。さらに、MRV（測定、報告及び検証）の義務化については、先進国の緩和行動と削減、または途上国の行動への資金、技術、そして能力構築が対象となることを盛り込んだ。外部から支援を受ける途上国の行動も国際的な MRV の対象とし、また外部からの支援を受けずになされた行動は、UNFCCC の下で国際的に合意される指針に基づき、国内の MRV の対象となるとした。MRV は途上国からの反対が強かったにもかかわらず、のちに国連決定に留意されたコペンハーゲン合意（The Copenhagen Accord）に盛り込まれ、2010 年のカンクン合意（The Cancun Agreement）によって確立された。EU が事前にまとめた草案では、MRV に関する記述は、2009 年 7 月に米国、中国などが合意した MEF 首脳宣言の趣旨と概ね一致していた。

他方、AWG-LCA が当時用意した 200 頁以上にも及ぶ交渉草案と比べると、EU が事前に準備したと見られるこの草案では、共通のビジョン、緩和、適応、技術と資金のそれぞれに関する内容が、最終的には合意しやすいものであったと思われる。しかし、コペンハーゲン会議では、2013 年以降の京都枠組に米国を実質的に参加させるために、EU が温室効果ガスの排出量削減に対する途上国、特に経済新興国の実質的な貢献を強く要求した。これにより、途上国の不信感が強まり、COP15 では会議の 2 週目に入り、途上国グループの一員であるアフリカ・グループと後発開発途上国（Least Developed Countries、略称 LDCs）が AGW-LCA のみで議論が進められていることに抗議し、すべての交渉を中断するよう求めた。さらにAWG-KPにおいても、附属書I国による2013年以降の更なる排出削減量に関する交渉以外の、すべての問題の交渉を中断するよう求めた。これを、G77＋中国とその他の途上国が支持した[138]。議長国のデンマークは、その後も二つの作業部会の交渉結果に基づき合意を目指す議長案を提示したが、いずれも途上国の強い反発に遭い却下された。

議長国が用意したと見られる草案に対し、二日後の12月10日に今度はフランスのル・モンド（Le Monde）紙がBASICの交渉草案でコペンハーゲン・アコード（The Copenhagen Accord）と称する文書を掲載した。この草案は、先進国、特に米国に対してその歴史的な責任に基づき、更なる排出削減行動を要求していた。また、途上国のNAMAsについては、先進国による資金、技術と能力構築に基づいて行われるべきであると主張した。さらに、途上国が森林などの排出ガス吸収源の増加など自主的な緩和行動を取るには、先進国が「十分な、予測可能な、そして持続可能な」資金、技術と能力構築を提供すべきであるとした[139]。交渉が本格化する前に、議長国デンマーク及び欧州諸国を中心とした先進国、途上国グループを代表する主要排出国のそれぞれから合意文書の草案が漏れたことで、交渉は対決の様相を帯び始めた。ポスト京都議定書枠組に向けての議論は、議長国をはじめとする先進国グループが主導する形で進められ、会議中の非公式閣僚協議においてもAWG-LCAの問題のみが取り上げられたことに対して抗議をする形で、途上国が議事進行のボイコットを行った[140]。

COP15交渉後半では、ハイレベル・セグメント（High-level segment）という閣僚級会合が、会議の2週目の半ばとなる12月16日に開催された。この会合は、それまでの実務レベルで行われてきた会合を閣僚レベルにまで格上げしたものであり、通常は各締約国の環境大臣が参加するが、コペンハーゲン会議には多くの首脳も出席した。その交渉結果をまとめたAWG-KP成果文書が12月16日のCMPに提出され、その後、AWG-KPは附属書I国の排出削減、その他の問題、潜在的な影響のそれぞれを議論するコンタクト・グループ[141]会合を開催したが、京都議定書の改定に関しては合意に達しなかった。また

AWG-LCAは、同日、AWG-LCA成果文書をCOPに提出したが、「文書は完成しておらず、更なる作業が必要」としてCOP本会議は一時的に休会した[142]。

翌12月17日にCOPは再開され、デンマークの首相であるラスムッセン（Lars Løkke Rasmussen）議長はAWG-LCA文書に基づき、それぞれの議題を検討するコンタクト・グループの結成を提案した。この提案は承認され、コンタクト・グループと、その下に共通のビジョン、資金、緩和など9個の草案作成グループが設置された。しかし、AWG-LCA文書の内容は極めて複雑であり、一日かけて作業したにもかかわらず大きな進展は見られなかった。交渉の結果、AWG-LCAについては、大半の草案作成グループで進展がなかったため、作業部会のマンデートを延長し、第16回締約国会議での採択に向けて、COP15のAWG-LCAの成果文書に基づきCOPでの作業を継続するとの決定がなされた。また、AWG-KPについても草案に関する非公式協議が開かれたが結論が出なかったため、CMPはAWG-KPのマンデートを延長することで合意した。

2週目の後半から始まる閣僚級交渉を控え、ラスムッセン議長は「実質的には作業部会から送られた二つの文書を土台にする」という、二つの文書で構成される成果文書一括案となる妥協案を提示する計画を説明した[143]。これに対して、ブラジル、中国、インド、スーダン、エクアドル、南アフリカ、ボリビアなどの途上国は「法的根拠の欠如」、「深刻な手続き上の問題」、「透明性と参加性の欠如」などに基づき、「議長国と締約国間の信用問題」となると警告し、却下を求めた。この状況に危機感を抱いたEUは、「議長の友」というグループを作り、事態の収拾を図った。議長の友とは、議長と議長に近い少数の締約国代表だけが草案を作成する方法であり、この議長の友の結成を機にコペンハーゲン合意への道筋が開けた。

その後、COP15の後半から始まる閣僚級交渉に向けて、気候変動問題に関する主要国を含む120カ国以上の首脳や政治指導者がコペンハーゲン入りし、ポスト京都議定書枠組合意の可能性を探ろうとした。交渉の進展が見込まれないなか、ラスムッセン議長は12月18日の午前中、ハイ・レベル・イベントを開催した。このイベントには国連の潘基文事務総長をはじめ、オバマ米大統領、鳩山首相、ブラウン（J. Gordon Brown）英首相、ラッド（Kevin M. Rudd）豪首相、メルケル（Angela D. Merkel）独首相、サルコジ（Nicolas Sarkozy）仏大統領、ラインフェルト（J. Fredrik Reinfeldt）スウェーデン首相、メドベージェフ（Dmitrii A. Medvedev）露大統領、温家宝中国首相、シン（Manmohan Singh）印首相、ルラ（Luiz Inácio Lula da Silva）ブラジル大統領、ズマ（Jacob G. Zuma）南ア大統領、李明博韓国大統領、バローゾ（José Manuel Barroso）欧州委員会委員長と、途上国各地域である小島嶼諸国グループ、アフリカ諸国グループ、及び中南米カリブ海諸国グループの代表等、約 30 カ国が参加した[144]。

### （二）コペンハーゲン合意の作成：交渉の終盤と米中関係の転換

各国の首脳らが 12 月 18 日、一日かけて会場の各所で断続的に議論を行った結果、18 日の夜 10 時頃にコペンハーゲン合意（The Copenhagen Accord）と称する文書がまとまり、その後発表された[145]。中国を含む新興国の意向を反映させたコペンハーゲン合意が米国の主導で作成され、その内容は基本的にバリ行動計画で定めた四つの項目に沿ったものであり、それぞれ米国と中国など経済新興国の思惑が読み取れる（コペンハーゲン合意の主な内容については付録 I の一を参照）。

このコペンハーゲン合意は 12 月 19 日、オバマ大統領の帰国直前に発表された後、COP 及び CMP に上呈され、本会議で審議にかけられた。しかし、ツバル、ベネズエラ、キューバ、ボリビア、スーダンは、合意の内容が不十分で、また合意の過程が不透明かつ非民主的であるため UNFCCC の合意手続きに反するものだと主張し、国連決定としての採択に強硬に反対した。そのため、ラスムッセン議長は全会一致という国連コンセンサス決定方式によるコペンハーゲン合意の採択を断念し、潘基文国連事務総長の介入及び EU 代表団の要請によって、本会議は中断する事態に至った。各締約国の代表が帰国する時間が迫っており、交渉のための物理的な条件が整っていないなかで、ラスムッセン議長は EU 交渉団の代表に囲まれて壇上から降りて退席し、副議長が議長の代理を務めた。最終的に12月19日の昼ごろ本会議が再開し、副議長が同合意について「留意する」(take note)という形式でCOP決定書に付すことを提案した。締約国はその提案を受け入れ、長時間にわたった本会議が閉幕した[146]。

コペンハーゲン合意は、温室効果ガスの主要排出国による文書であり、首脳や各国の政治指導者が直接議論した結果であった。12月16日から始まったハイレベル協議は、首脳の出席人数から言えば、ニューヨーク以外で開催する最大級の国連会議となり、オバマ米大統領は「第二次世界大戦以来最も重要な国際会議である」と位置づけた。特に、米国のオバマ大統領と中国の温家宝首相が会議の終盤に2回にわたって直接交渉したことは、コペンハーゲン合意がかろうじてまとまった決定的要因であると思われる[147]。

コペンハーゲン会議を控えた中国の解振華氏は2009年6月の取材に対し、「UNFCCCと京都議定書は気候変動に対処するための主要なチャンネルである。UNFCCCと京都議定書は国際協力のための法的根拠を築き、国際社会の総意を表すとともに、気候変動に対処する権威性、普遍性と包括性を持つ国際枠組である。従って、我々は確固として、UNFCCCと京都議定書を気候変動問題に対処するための中心的メカニズムまたは主要なチャンネルとして機能する地位を守るべきである。その他の多国間や二国間の協力は、UNFCCCと京都議定書に対して補足的或いは補完的な役割を果たすべきである」と強調した[148]。

このように、2007年9月に行われた第1回MEMの頃に比べると、この段階での中国は対米批判を控えており、これはMEFに対する警戒心が比較的緩和された結果であると思われる。ただし、先進国の狙いが明確になっていない中で、中国は依然として国連、UNFCCCと京都議定書の地位を強調し、国連外におけるいかなる国際枠組にせよ、あくまで補完的なものであるにすぎないと主張した[149]。

一方で、COP15の後半に起きた出来事、例えば議長の友という少人数交渉グループの結成、議長による一括妥協案の提示、コペンハーゲン合意の作成などは、機能不全の様相を呈する国連交渉の範疇で取り得る苦肉の策であった。と同時に、少人数交渉、一括妥協案の提出または政治的合意の作成は、これまでの国連交渉でも多く用いられてきていた。しかしCOP15の後半から行われた閣僚級折衝は、各国首脳級代表の参加によって高度な政治的意味合いを持つようになり、国家間の信頼関係の希薄性及び意見と情報の交換の欠如により、合意が困難な状況に陥った。実際に、コペンハーゲン合意は、MEMやMEFの開催以来主要経済国間の対話と協議内容を踏まえて作成されたが、正式な採択には至らなかった。その理由は、主要先進国と経済新興国を含む途上国が、互いに交渉団としての立場が対立していたため、お互いに不信感を十分に払拭できなかったがゆえであるという見方が強い[150)]。

京都議定書以降の気候変動対処の枠組は、京都議定書とは異なり、単なる附属書I国の行動に依拠するのではなく、非附属書I国である途上国、特に経済新興国にも一定の責任を負うことを要求している。これこそが途上国の不信感をもたらしたのである。コペンハーゲン会議では多くの途上国が透明性と公平性を理由に、AWG-LCAとAWG-KPという二つの作業部会によって作成された草案文書のみを合意文書として受け入れるとした。しかし、作業部会での交渉は立場の対立により、前進しなかった。議長の友のような少人数閣僚級会合は、国連交渉においてまれなことではない[151)]。COP15では、議長国であるデンマークとEUは、米国をはじめとする先進国グループと、中国など経済新興国が両方の枠組に参加することを望み、米国と新興国に対し排出削減義務を負担するよう圧力を加えた。にもかかわらず、交渉の初期段階で交渉草案が漏れたことによって、途上国は議長国への不信感を強め、会議中に議長による草案文書が数回にわたって却下され、議事の進行を混乱させた。従って、コペンハーゲン会議において、両作業部会での交渉過程と内容に対して、議長の介入や高度な政治的協議が発揮した影響力は限定的であった。

このような迷走の末、交渉が議長の友にまで持ち込まれたが、前述の通り、実際に交渉の舵を取ったとされるのはオバマ米大統領及び中国、インドなどの新興国であり、コペンハーゲン合意にも米国と中印など新興国の思惑が多分に反映された。まず、先進国と途上国の排出削減及びNAMAsにおける目標の提示である。次いで、先進国全体の排出削減目標と排出量のピークアウトについてであるが、協定では触れられなかった。また、EU が事前に強調していた、1990 年或いは 2005 年比での 2020 年までの中期的な排出削減数値目標の約束は、コペンハーゲン合意において国別の排出削減目標の提出と記載に取って代わられた。これらの排出削減目標はあくまでも各国の事情にそった「誓約」(pledge)であり、条約に定められた法的な義務や法的拘束力は伴わない。

さらに、EU は排出割当量取引など市場原理の運用は、あくまでも国内排出削減行動に対して補充的な役割を果たすにすぎないと主張したが、コペンハーゲン合意では、「我々は市場の活用、緩和行動の促進とその費用対効果の向上などといった様々なアプローチを追求すると決定した」[152] としている。これらの点に関しては MEF の開催以降、米国をはじめとする先進国と中国、インドを含む新興国との間で行われた駆け引きの結果、ようやく国連の場で双方に受け入れられた。一方で、デンマークは議長国としての影響力を発揮し、EU の主張にそって国家間論争をまとめようとしたが、交渉過程の混乱及び議長国への強い不信感により、EU が交渉の結果を左右する力は極めて限られていた。

このように、コペンハーゲン会議では、閣僚級と首脳級協議を含む激しい政治折衝の結果として、会議終盤に政治文書であるコペンハーゲン合意が作成された。米国と途上国である中国、インド、ブラジル、南ア等を含む主要な排出国の間での首脳による直接協議であったことが、コペンハーゲン合意に高度な政治的意味を持たせた [153]。コペンハーゲン会議は一見、失敗に終わったかのように見えるが、しかし同協定の内容は G8、BASIC、APP、MEM、MEF で重ねてきた多国間協議に基づいた主要経済国間の妥協点が概ね反映された形となった。コペンハーゲン合意の誕生によって、2007 年以降の米国主導の MEM、MEF に基づく国際協力の手法、すなわち主要排出国・経済国による対処案の検討と実施が、国連において確立されるようになった。主要国が国連外で決定した対処案を国連の枠内で実施する手法は、中国など途上国にも受け入れられたことになる。途上国と先進国間の対立は依然残りながらも、コペンハーゲン合意は、翌年国連で正式に採択されたカンクン合意への道筋を示したものとなったのである。

## （三）国別緩和目標の設定と対途上国支援

### 1. 中期（2020 年）排出削減目標の設定

京都議定書に定められた第一約束期間（the first commitment period）は 2008 年から 2012 年までとなっており、2013 年以降の削減目標に関しては各締約国の裁量に任されている。2009 年 12 月に作成されたコペンハーゲン合意に対して賛同の意思を表明した 141 カ国（2011 年 10 月現在）は、地球全体の温室効果ガス排出量の 87.2% を占めている[154]。そのうち、附属書 I 国の締約国すべてが「2020 年の経済全体の数量化された排出目標」（Quantified Emissions Limitation and Reduction Objectives、略称 QELROs）を数値目標として提出した。また、非附属書 I 国のなかでは、中国、インドを含む 44 カ国が途上国による NAMAs に関する声明を UNFCCC 事務局に提出した。UNFCCC 附属書 I 国及び中国、インドを含めた主要排出国の具体的な数値目標または行動を巻末の付録 I に示した。

附属書 I 国はポスト京都議定書排出削減目標の設定に当たって、基準年と排出削減量についてそれぞれの国内事情に基づき目標を公表した（【表 4-1】を参照）。EU、ロシア及び日米を含むほとんどの UG 諸国は留保事項を付加し、途上国を含む主要経済国による排出削減の促進を求めている。EU は自国の目標を世界全体の包括的な合意の一部とし、他の先進国、途上国による比較可能な削減行動に応じて、30% 削減まで高めるとした。ロシアは 15% から 25% への削減目標を提出したが、削減にあたっては、森林の潜在的能力の適切な算入、及びすべての排出大国による法的かつ有意義な削減義務の約束を目標実行の前提とした。また日本、豪州、ニュージーランド、カナダはそれぞれ目標の実施において、主要排出国、特に米国と新興国の実質的な参加を、排出削減のための国内行動の前提としている。米国の場合、気候変動対策の関連法案は議会での成立が楽観視できないため、国内の法案成立を目標の実行の条件としている。

【表 4-1】コペンハーゲン合意に基づき附属書Ⅰ国が提出した中期目標

| 附属書Ⅰ国 | 2020 年の経済全体の数量化された排出削減目標 | | | |
|---|---|---|---|---|
| 国名 | 基準年 | 排出削減量 | 条件・留保事項 | 主要国参加への要求 |
| EU 及びその加盟国 | 1990 年 | 20 ～ 30% | 世界全体の包括的な合意の一部として、他の先進国、途上国による比較可能な削減行動に応じ、30% 削減目標に移行 | あり |
| 日本 | 1990 年 | 25% | すべての主要国による公平かつ実効性のある国際枠組の構築及び意欲的な目標の合意 | あり |
| ロシア | 1990 年 | 15 ～ 25% | 削減におけるロシア森林の潜在的能力の適切な算入及びすべての排出大国による法的に有意義な削減義務の約束 | あり |
| ノルウェー | 1990 年 | 30 ～ 40% | 主要排出国が 2 度目標と整合する排出削減に合意する場合、40% 削減 | あり |
| クロアチア | 1990 年 | 5% | ― | ― |
| ベラルーシ | 1990 年 | 5 ～ 10% | 京都議定書の柔軟性メカニズムを利用すること、自国への技術移転、人材育成、経験促進の強化、森林・吸収源の実施に関する細則の明確化 | ― |
| リヒテンシュタイン | 1990 年 | 20 ～ 30% | 他の先進国が比較可能な目標に合意し、新興国が拘束力のある枠組の下で責任と能力に基づき取り組む場合、30% 削減 | あり |
| ニュージーランド | 1990 年 | 10 ～ 20% | 気温上昇 2 度限度、先進国間比較可能な取り組み、主要排出国による対処の行動、森林に関する実施細則、国際炭素市場などを含む包括的な合意 | あり |
| カザフスタン | 1992 年 | 15% | ― | ― |
| 豪州 | 2000 年 | 5 ～ 15% または 25% | 大気中温室効果ガス濃度 455ppm 以下に安定化させるため世界全体的に合意される場合、25% 削減；途上国が実質的削減を約束し、かつ先進国による目標が自国と比較可能な場合、15% 削減 | あり |

| カナダ | 2005年 | 17% | 米国の最終的削減目標と連動 | あり(米国) |
|---|---|---|---|---|
| 米国 | 2005年 | 17% | 米国国内エネルギー気候変動関連法案の成立 | — |

参考:コペンハーゲン合意;衆議院調査局環境調査室、「地球温暖化対策　25%削減に向けた課題」2010年3月。

これに対し、非附属書I国の一部はNAMAsを提示し、特に経済新興国である中国、インド、ブラジル、南アフリカ、インドネシア及びメキシコ、韓国の行動が重要視されている(【表4-2】を参照)。NAMAsでは、2020年までの温室効果ガスの量的排出削減のみならず、例えば中国とインドがエネルギーの消費効率を高める目的で二酸化炭素の排出強度(GDP当たりの二酸化炭素排出量)の削減も設定している。NAMAsは、国別の自主的行動に基づいており、法的義務を伴わないことが強調されている。また、緩和のための行動が先進国の支援の下で行われ、非附属書I国に対する資金、技術及び能力構築の支援が特に経済新興国によって求められている。

【表4-2】非附属書I国が提出したNAMAs(主要国抜粋)

| 非附属書I国 | 行動 |
|---|---|
| 中国 | ・2020年までに$CO_2$排出強度を2005年比で40〜45%削減<br>・2020年までに非化石エネルギー消費が一次エネルギー消費に占める割合を15%に引き上げ<br>・2020年までに2005年比で森林面積を4,000万ヘクタール増加<br>・自主的行動を強調 |
| インド | ・2020年までに$CO_2$排出強度を2005年比で、農業部門を除き、20〜25%削減<br>・自主的行動を強調 |
| ブラジル | ・2020年までにBAU比で36.1〜38.9%削減<br>・特に、熱帯雨林の劣化防止、穀倉地の回復、エネルギー効率の改善、バイオエネルギー消費の増加、水力発電の増加、代替エネルギーの開発などを重点的に実施 |
| 南アフリカ | ・2020年までにBAU比で34%、2025年までにBAU比で42%の排出削減<br>・前提としては、先進国から技術、資金、能力構築などの支援、及びUNFCCC及び京都議定書の下での野心的、公平、効果的、拘束力のある合意が必要 |

| | |
|---|---|
| | ・上記の支援があれば、排出量は 2020 年から 2025 年間に頂点に達し、10 年間程度安定し、その後減少に転じる |
| メキシコ | ・2020 年までに BAU 比で 30% 削減<br>・前提としては、先進国から資金及び技術を十分に得られること<br>・2009 年に、すべての産業部門において適切な削減と適応行動を含めた気候変動特別プログラムを採択<br>・上記を完全に実施することにより、2012 年までに BAU 比で 5,100 万トン $CO_2$ 相当の排出量が削減可能 |
| インドネシア | ・2020 年までに BAU 比で 26% 削減<br>・具体的施策としては、湿地管理、森林減少・劣化状況の緩和、森林・農地の炭素吸収の増加、エネルギーの効率改善、代替エネルギーの開発、固定及び液体廃棄物の発生の抑制、低炭素交通への移行などが挙げられる |
| 韓国 | ・2020 年までに BAU 比で 30% 削減 |

出典：筆者作成；コペンハーゲン合意；「地球温暖化対策　25% 削減に向けた課題」衆議院調査局環境調査室、2010 年 3 月。

## 2. 対途上国支援の約束

コペンハーゲン合意に基づき、米国、欧州及び日本はそれぞれ途上国に対する支援を打ち出した。まずクリントン (Hillary Rodham Clinton) 米国務長官は、「途上国に対して温暖化対策のための資金援助として、先進国と連携しながら年間 1,000 億ドル (約 11 兆円) を拠出する仕組みを 2020 年までに作ることを目指す用意がある」と、COP15 開催中の記者会見において発表した。ただし、米国の支援策は、すべての主要排出国が削減を着実に進めているかどうかを検証する仕組み、すなわち MRV の構築を条件としている。

また欧州は、年間 24 億ユーロ、2012 年までの 3 年間にわたって 72 億ユーロ (約百億米ドル) を、脆弱性の高い途上国や後発開発途上国を重点的対象として、適応及び森林分野を含めた緩和と能力構築のために留保事項を設けずに出資すると表明した。また、日本は 2012 年末までの約 3 年間で約 1 兆 7,500 億円 (約 150 億ドル)、うち公的資金は 1 兆 3,000 億円 (約 110 億ドル) 規模の支援を実施すると発表した。さらに技術や知見の積極的活用を通じて、途上国による削減行動への支援と、途上国や島嶼国の適応計画や能力構築への支援を強化する、と自国の貢献を強調した。日本の支援策は、「すべての主要国による公平かつ実効性のある国際的枠組の構築とすべての主要国の参加による意欲的な目標への合意」を前提としている。

2009年4月からコペンハーゲン会議までに6回にわたって開かれたMEFの成果を受け、途上国、または脆弱性の高い国に対し、米国、EU及び日本は資金支援の提供の意思をコペンハーゲン合意の中で正式に打ち出し、適応策を強化しようとした。その見返りとして、途上国、特に経済新興国による緩和のための国別行動をMRVの下で実行するよう要求した。コペンハーゲン合意で提案された「コペンハーゲン・グリーン気候基金」は、翌年にGCFとしてカンクン合意の下で成立した。これまでに、途上国は附属書I国に対して京都議定書で約束した排出削減目標の達成を優先させるよう強く求めてきたが、コペンハーゲン会議以降、先進国による資金の早期拠出及びGCFの確実な実施のための国際交渉に重点を移した[155]。

## 二．COP16「カンクン合意」の成立（2010年）

### （一）国際交渉の経過

#### 1．国連交渉方式の改善

2010年4月、コペンハーゲン会議後はじめて開催された特別作業部会の会合で、AWG-LCAの新議長マーガレット・ムカハナナ・サンガーウェ氏（Margaret Mukahanana-Sangarwe）は、留意されたコペンハーゲン合意との調和をとりながら、新たな交渉文書に今後のAWG-LCAでの議論を反映させたいと語った[156]。また、コペンハーゲン会議後の初の交渉であったことから、締約国の国連交渉に対する信頼の回復を図ろうとしていた。

AWG-LCA会合では、新しい交渉文書の草案にコペンハーゲン合意の内容を盛り込むかどうかについて議論がなされた。途上国グループは国連の交渉過程について、まずはAWG会合における議論が民主的で透明性を保たなければならないとする基本的立場を崩さず、「締約国主導」、「バリ行動計画」及び「共通だが差異ある責任」の原則に従って交渉を進めるべきであると強調した。

それに対しEUは、コペンハーゲン合意が「最高レベルによる政治的指針(guidance)」であると評価し、EUは、全体枠組成立のためには、二つの特別作業部会協議の成果にコペンハーゲン合意の内容を反映させる必要があるとした。同時に、EUはAWG-KPとの密接な協力の必要性を強調し、二つの特別作業部会間の相互関連課題に関して横断的に議論するグループの設置を提案した[157]。

コペンハーゲン合意の位置づけをめぐる議論では、多くの途上国が同合意を支持した一方で、ボリビア、ベネズエラが反対を表明した。このような動きを受け、G77+中国は同じ途上国として共通の立場を打ち出すため、「新しい交渉草案での位置付け」という妥協案を提案した[158]。交渉の結果、サンガーウェ議長は今後、AWG-LCAの作業内容にコペンハーゲン合意の内容を含めるべきか否かについて、着地点を模索した。サンガーウェ議長は、「AWG-LCA報告書に基づきCOPで行われる作業」について、「COPの決定を含め、COPで行われたすべての作業が含まれる」とする、途上国の提案に基づいた妥協的表現を用いた解釈を与えた。これによって先進国は、「締約国がコペンハーゲン合意を新しい交渉草案に用いることを受け入れた」として認識し、上記の表現で合意した[159]。

国連交渉方式の改善に関するコペンハーゲン会議での論争の経験を受け、2010年4月のAWG会合では、特別作業部会に関する問題が焦点となった。AWG-KPでは、AWG-LCAとの協力問題について意見が交わされ、EUは組織的に切り離されている二つのAWGによる密接な協力の必要性を強調し、スイスも先進国による緩和の誓約など相互関連事項(cross-cutting issues)に関し、二つのAWG間の一貫性を確保する必要性があると強調した[160]。また、AOSISが一つのコンタクト・グループを立ち上げ、「特定の問題に対する議論」、「共同会合の開催」、「AWG-LCAと共同にイベントを行うこと」などを提案した[161]。

このAOSISの提案に対し、途上国グループの多くは「二つの交渉作業部会を厳密に切り離した状態にしておくことを希望する」として、反対した。交渉進行方式の改善については、依然として先進国（AOSISなど一部途上国を含む）と途上国グループの立場は一致しなかったが、2010年4月の会合ではAWG-KPのアッシュ（John W. Ashe）議長がAWG-LCA議長のサンガーウェ氏と会い、「AWG-KP議長はAWG-KPのマンデートに十分に配慮し、自身のイニシアティブでAWG-LCA議長と会合を行い、前述の『特定の問題に対する議論』に当たる附属書I国の約束に関して情報を交換し、これを締約国に提供することに留意する」ことで合意した[162]。このことは、二つの作業部会間で協力の可能性が探られた事実として興味深い。

両作業部会間の議論を前進させるために、2010年5月から6月に開催されたAWG会合において、調和性の欠けた二つのAWGの間で共に議論を行える「共有の場」（common space）の設置が、AOSISによって提案された[163]。一部の途上国は、限定的な共有の場の設置により附属書I国の緩和問題を討議することを支持したが、途上国グループ内には共有の場の設立に反対する国もあり、「このような議論は京都議定書の『死』に向かう一歩である」[164]と懸念を示した。このように、二つ作業部会に基づく交渉方式の有効性に対して、途上国グループ内でも各国の立場は必ずしも一致していなかった。とはいえ、途上国グループのG77＋中国は両作業部会を一本化するとまでは明言しないが、場合によっては限定された議題についてAWG-LCAとAWG-KPによる共通の議論を行う可能性があることを示唆した[165]。

両作業部会間に共有の場を設置するという案は、前述の2010年4月のAWG-KP会合で、EUとスイスが提案した作業部会間協力体制の整備と同じ目的を有していると考えられる。途上国は両作業部会間の完全な相互独立状態を維持し、共有の場の創設を拒み続けていたが、実際には、明確に限定された議題に関しては、二つの作業部会間での情報交換や議論を容認するようになった。

このように、国連の交渉方式を改善するために、交渉の体制を強化しなければならないことが強調されるようになった。国連交渉を強化または改善する背景には、コペンハーゲン会議後にUNFCCCの役割と実効性が議論の対象となったことがある。例えば、スペイン、コスタリカと米国が主導する「適応パートナーシップ」、ドイツと南アフリカの主導する「MRV パートナーシップ」、ノルウェー、フランスがリードする「REDD+ パートナーシップ」[166]などがコペンハーゲン合意の後に形成され、国連交渉現場のマージンで会合を行った[167]。しかし、少数のグループによる交渉が国連交渉と競合し、公式の作業部会の中心的役割が維持できなくなることについて、その合法性と透明性が疑問視された。また、パートナーシップを構築すると、妥協や具体的進展が比較的成立しやすいことから、このような新たな試みは国連交渉に対し脅威となることが危惧された。

こうした懸念に対して、このような補完的対話や会合は主権国家主導の交渉手段でありながら、あくまでも情報の交換と共有を目的にしており、先進国と途上国間協力の土台として位置づけられているため、既存の国連交渉を妨害しようとする考えはないと、パートナーシップの関係者が説明した[168]。国連の有効性に対する論争が起きる中で、2010 年 4 月の両 AWG 会合では、気候変動に関する国際協力を続けるには UNFCCC を存続させる必要があるという意見と、既存の国連交渉以外に行われてきた国際協力の方がより効率的であり、実効性のあるものであると主張する立場とが対立していた。特に、国連交渉の外で行われた成功例として、フランスとノルウェーによる REDD+ パートナーシップの設置や、G8、MEM、MEF、APEC や APP など気候変動に関して先進国と新興国を含む主要排出国が、国連以外の場で議論したことが挙げられる。特に新興国にとっては、国連の外に形成した新たな枠組との関わり方が、国連交渉を支持する数多くの途上国との関係に影響を与える。したがって、国連内外の枠組において利害調整を行いながら、途上国グループとの対立を避けることが新興国の交渉戦略として考えられる。一方、先進国においては、排出の多い新興国による取り組みを求めながら、さらにこれを国連合意として組み込むことを狙っている。これまで、重複レジームは国家間の不信感と論争を形成させていたが、国連内外における重複レジームでの交渉の継続は、先進国・新興国両者にとって不可避のものであると考察できる。

2010年4月のAWG会合において、これまで気候変動問題に対して国連が定めた交渉の方式が支持、そして再確認され、交渉における透明かつ民主的な参加という基本方針が、途上国と先進国によって確認された。それ以降のAWG会合では、一部の締約国が自国開催の外部会議、例えば2010年4月にボリビアで開催された「気候変動と母なる大地の権利に関する世界人民会議」、ウィーンで開かれた「アフリカ・EUエネルギー・パートナーシップ第1回ハイレベル会議」および「持続可能なエネルギーに関する第9回世界フォーラム」と、5月にオスロで行われた「気候及び森林会議」の会議結果を、透明性を高めるためにUNFCCCに報告する動きが見られた[169)]。

## 2. カンクン合意の採択

議事が迷走したコペンハーゲン会議の経験を受け、第16回締約国会議（COP16）は国際的な期待感が薄い中で開催された。コペンハーゲン合意の位置づけと、二つの作業部会による結論文書の作成、及びポスト京都枠組の提案をめぐる議論が会議の焦点となった。特にポスト京都枠組について、締約国はAWG-LCAが新たなCOP決定を作成するか、それとも京都議定書に代替する、または補完する決定案を作成するかをめぐって意見が対立していた。それについて、EUはAWG-LCAの下で法的拘束力のある包括的な決定をまとめることを支持し、その一環として、京都議定書第二約束期間受け入れの意思を表明した。それに対し、日本は「法的拘束力のある単一の新しい議定書」を提案し、京都議定書第二約束期間を受け入れる意思はないと公式に表明した[170)]。さらに日本は、京都議定書の延長と第二約束期間の設定に反対する閣僚声明を会議の一週目に発表し、EUの立場との対立が鮮明になった。AWG-LCAでは、交渉の最終段階に新しい議長案が作成されたが、議長を務めるメキシコ外務大臣エスピノサ氏（Patricia Espinosa）は、その議長案について「公式な合意文書ではなく、あくまでも共通の議論の土台である」と再三にわたって強調し、締約国からの反発を極力避けようとした。

AWG-KPでは、G77＋中国を代表してイエメンが、「京都議定書の第二約束期間について合意しない限り、AWG-LCA での合意は不可能である」と強調した[171)]。開会時の G77＋中国の声明は、附属書 I 国が約束した排出削減目標と、科学が求めている削減量との差を縮小するよう求めた。EU は、京都議定書という国際枠組の継続を支持しつつ、それ以外のものも推進するとの立場を示した。それに対して、UG 諸国は AWG-KP の交渉結果はあくまでも AWG-LCA を含む包括的な交渉成果の一部であるにすぎないという意見を提示した[172)]。このように、AWG-KP で先進国の約束を要求した途上国に対し、UG 諸国は AWG-LCA での成果をより強調しようとしていた。両者の立場の間に介在する EU は、AWG-KP と AWG-LCA の成果を両立させることを意図していた。いずれの作業部会においても、会議の当初から京都議定書の改訂問題、及び新たな COP 決定の法的地位を含むポスト京都枠組の形作りについて主要締約国グループ間で意見対立が浮上し、その他の締約国は会議の破綻を避けるために、この問題を翌年の 2011 年に南アフリカのダーバンで開催される締約国会議まで先送りすることとした。

カンクンではコペンハーゲン会議の轍を踏まないようにと、エスピノサ議長は交渉中の情報の公開及び透明性を重視し、例えば本会議で NGO 参加者に傍聴の機会を大いに与えた[173)]。会議の最終日となる 12 月 10 日の午後から始まった COP の本会議において、AWG-LCA の新たな決定草案が審議された。この草案に対して、ボリビアは当文書の作成にあたって自国の意思が排除されており、総意に基づいた決定文書ではないと主張し、採択に反対した。そのため、日付が変わって 12 月 11 日午前零時過ぎに、COP 閉会前最後の本会議が行われ、最後まで続いたボリビアの反対に直面して、締約国は焦燥感にかられた。議論の末、エスピノサ議長は米国、中国、インド、日本、EU など主要国を含む多くの締約国の要請に応じてカンクン合意と呼ばれる決定案「AWG-LCA 作業結果」(決定 1/CP.16)を採択に導いた[174)]。

その後、12 月 11 日午前中から CMP 閉会前の本会議が始まり、一連の AWG-KP 作業決定草案について審議が行われた。ボリビアは AWG-KP の決定案に対して「京都議定書の第二約束期間を無期限に延長させ、柔軟な、かつ自主的な対処による体制の構築を導く」ものとし、CMP決定文書の採択に引き続き反対した。ボリビアの行動に対して、エスピノサ議長は「総意(consensus)とは全会一致(unanimity)を意味するものではなく、また、一国の代表団が他の国に対し拒否権を行使する権利があることを意味するものでもない」との解釈を与えた[175]。彼女は、「議長としては、締約国193カ国の立場と要請を無視することはできない」と強調し、ボリビアの発言をCMPの議事録に記録として残しつつ、決定案の採択のため槌を打った[176]。

カンクンの一連の会議(COP16/CMP6)では、交渉の透明性及び情報の公開が重視されたため、先進国及び途上国の利害対立がある中、カンクン合意は「バランスのとれた合意文書」としてボリビアを除く締約国の間では認識されている[177]。コペンハーゲン会議の混乱を経験し、カンクン合意の達成が国連交渉への信頼回復の一歩とみなした締約国の代表は少なくなかった。また、「カンクンで合意すること自体に大きな意義がある」という意見を締約国の担当者から聞いた[178]。カンクン合意は、2013年以降の国際気候変動対処枠組の形をはっきりとは打ち出せなかったものの、AWG-LCAにおける途上国と先進国の間での妥協点を見出した。特に、緩和策の推進において途上国の自主的な約束が一定の国際基準をもとに評価されることで一致したことは大きな意義がある。また先進国の間で、コペンハーゲン合意で定められた附属書I国による国別排出削減約束の提出と、行動に対するMRVの実施、いわば「誓約と評価」(pledge & review)という方式が定着した。これは、条約によって定められた法的義務となる削減目標を設定すべきであると強調するEUが、AWG-KPで京都議定書の第二約束期間の設定を支持する一方、AWG-LCAでの合意の達成を優先したことによる。

## (二) カンクン合意の意義と特徴

### 1.「誓約と評価」対処手法の確立

カンクンでまとめられたAWG-LCA議長案には、共通のビジョン、緩和、適応、資金と技術移転に関する条項が含まれており、コペンハーゲン合意の内容の延長線上にありつつ、それよりもさらに充実した内容である[179]。換言すれば、カンクン合意は、コペンハーゲン合意に国連決定としての正式な法的な位置づけを与えたものと目されるべきものである。その理由としてはまず、カンクン合意では先進国の緩和行動について、先進国の経済全体の排出削減目標と途上国支援が国別に提示された。また、その成果と実施の進捗状況を審査するという手法を容認した。先進国の緩和行動については、自主的なものであるとは言及されていないものの、排出削減目標への約束を強制的に求めておらず、約束したとしても、守られない場合に法的な罰則は規定されていない（第36-47段落）。

また、途上国の緩和行動に関し、途上国は「国際的な協議及び分析」(International Consultation and Analysis、略称ICA)の実施に対し、自国の主権への侵害を回避する手段として受け入れ、「非干渉的(non-intrusive)かつ非懲罰的(non-punitive)で、国家主権を尊重するものである」ことを強調した[180]。コペンハーゲン会議以来、MRV制度の細則をめぐる先進国と途上国の間では意見の食い違いが目立っていたが、MRV制度の導入は途上国を含む主要経済国によって受け入れられた。カンクン合意において、途上国が法的規制に拘束されていないとしても、自主的な削減目標による排出削減など緩和策の強化について、国内または国際的監督を受け入れることが明確となった。

国連の公式決定とならなかったコペンハーゲン合意がAWG-LCAで明文化されたことからすると、翌年にカンクンで採択された決定は、米国と新興国の歩み寄りの結果と理解できる。コペンハーゲン合意の作成とカンクン合意の採択によって、対処原則や排出削減目標の設定などをめぐって多国間交渉の権限が重複していたUNFCCCとMEFの間に存在していた激しい競合関係が大きく緩和された。これは、締約国、とりわけ主要国は国連外での多国間協議を継続しながらも、国連枠内、すなわちUNFCCCでの合意を目指すことを意味している。

### 2.「気候適応枠組」と「緑の気候基金」の創設

カンクン合意のもう一つの成果は、議長国、及び多くの途上国が重要視する「気候適応枠組」(Cancun Adaptation Framework、略称 CAF) と GCF の創設である(第 13、第 14 段落；第 100-111 段落)。特に、同合意は途上国による「長期的な、増加するかつ予測可能な」バランスのとれた適応策と、緩和策を支援するための新たな資金、技術、能力構築を提供するよう、先進国に対して要請した。途上国での緩和と適応行動に対する資金の支援額は、コペンハーゲン合意で提示されたように、2010 年から 2012 年までに途上国支援のため 300 億米ドル、及び 2020 年までに毎年 1,000 億米ドルの出資を先進国全体で調達する約束がカンクン合意でも堅持された (カンクン合意の主な内容については、付録 I の二を参照)。

特に、適応策の強化、資金と技術支援の受け入れは、途上国、特に新興国にとって国際交渉の最優先課題である。カンクン合意の実施を受け、2011 年 5 月に開催された BASIC 閣僚級会合では、附属書 I 国が京都議定書によって定められた排出削減約束を達成するとともに、先進国による資金の拠出と基金の確実な運用を求める要望を繰り返した。また、最貧国と脆弱性の高い途上国にとっては、適応策の促進が緩和策と同様に重要であり、資金と技術移転によって支援されるべきであると BASIC 加盟国が主張した。カンクン会議以降、適応行動の強化及び資金制度の有効的運用をめぐる交渉は UNFCCC で継続されるとともに、MEF、BASIC またはその他の多国間協議においても中心的な課題となった。

### 3. カンクン合意採択過程の特徴

カンクン合意採択の過程には、二つの特徴が見られる。一つ目の特徴は、カンクン会議において、交渉の透明性と民主的参加型が重視された背景として、コペンハーゲンで行われた交渉に比べると締約国間、特に米国をはじめとする UG 諸国と中国、インドなど経済新興国間の対立が目立っていなかったことがあったことである。その理由の一つは、京都議定書からの離脱を余儀なくされて以来、初めて米国も気候変動への対応に積極的になり始め、量的排出削減目標を約束するために国内法的制度の整備に着手するようになったことである。もう一つの理由は、新興国が国内経済と資源、環境、エネルギーの持続可能な発展とのバランスを求めながら積極的に行動し始めたことである。

二つ目の特徴は、国連外にある国際レジームや制度との協力が主要排出国に求められていたことである。MEF をはじめとする多国間協議の成果がカンクン合意の形で国連の枠内で結実したが、適応行動の強化と資金制度の運用など様々な課題が残された。このため、関連の国際レジームや制度との協力関係が大いに求められるようになった。例えば、カンクン合意で定められた「適応委員会」(Adaptation Committee)、緑の気候基金、及びその「暫定委員会」(Transitional Committee) と「常設委員会」(Standing Committee)、「技術実施委員会」(Technology Executive Committee、略称 TEC) と「気候技術センター・ネットワーク」(Climate Technology Center and Network、略称 CTC&N) の早期発足が要請され、適応委員会と GCF の設置と制度設計には国連の内外にある多くの国際機関や組織の関与が必要とされている[181]。また、締約国における適応策の実施とそれを支援する資金の拠出と運用においては、進捗状況、成果及び改善策などに関する情報の提示や、透明性の維持が強調されている。並存する複数の国際レジーム間の緊張関係がカンクン合意の採択によって緩和するにつれ、今後は国際レジーム間における協力関係の構築が、多国間の議論の中心になると見られる。

## 三. COP17「ダーバン合意」の成立（2011 年）

### (一) 国際交渉の経過

2020 年までの中期的緩和目標について、附属書 I 国である先進国及び新興国は MEF を経て、コペンハーゲン会議以前にそれぞれの数値目標を提出した[182]。これらの国はコペンハーゲン合意に賛同し、カンクン会議までに数値目標を継続的に検討し、カンクン合意以降においても削減の態度を崩していない。COP16 以降に、各国はコペンハーゲン合意及びカンクン合意に基づき、排出削減目標を改めて確認した。そこで、附属書 I 国が基準年比の温室効果ガスの排出削減の数値目標を設定したほか、主要排出途上国の中国、インドなどは排出強度に基づいた自主的削減目標を次々に確立した。しかし、2013 年以降の国際枠組の構築は依然難航した。

ポスト京都議定書制度の構築をめぐる国際交渉が紛糾した原因の一つは、京都議定書の存続問題である。2012 年が満期であった京都議定書の第二約束期間の設定を巡って、ダーバン会議の開催を迎えても設定に賛成する欧州と、断固反対姿勢を取っている米国、日本、カナダ、ロシアなどと、先進国間の不一致が解消されなかった。また、途上国は京都議定書の継続を強く望み、特に米国、カナダ、豪州の削減目標に対して、京都議定書が定めた目標から大きく逸脱し、当初先進国によって約束された削減目標が果たされていないと非難した。その理由は、米国が提示した数値目標は 1990 年比で 4% 減に相当し、またカナダが 1990 年比で 8% 増の排出、豪州が 20% 増の排出に相当する目標を提出したからである。このような状況下では、AWG-KP の下で第一約束期間終了後に京都議定書を失効させ、新たに発表された先進国の排出削減目標を容認することは、途上国にとって難しかった[183]（【表 4-3】を参照）。

以上を背景に、2011 年 12 月に南アフリカ共和国のダーバンで国連気候変動第 17 回締約国会議（COP17）が行われた。COP17 では、2013 年以降の京都議定書の第二約束期間への延長、2020 年までの国際的対処問題、そして 2020 年以降の中長期枠組の構築をめぐり、EU、米国、中国とインドという三つのグループが激しく対立した。

【表 4-3】ポスト京都議定書枠組に向けた温室効果ガス排出削減目標
──カンクン合意以降の主要国比較

| 国名 | 2020年までの温室効果ガス排出削減目標 | | | 2005-2020年排出強度[184]の削減 |
|---|---|---|---|---|
| | 1990年比 | 2020年BAU比 | 2005年比 | |
| 欧州27カ国 | −20～−30% | −15～−26% | −10～−21% | −39～−46% |
| 米国 | −4% | −17% | −18% | −41% |
| 日本 | −25% | −36% | −30% | −44% |
| ロシア | −15～−25% | +29～+14% | +25～+10% | −20～−30% |
| カナダ | +8% | −17% | −15% | −40% |
| 豪州 | +20～−15% | −15～−33% | −26～−42% | −43～−55% |
| 中国 | +247～+27% | +78～+65% | +9～+1% | −40～−45% |
| インド | +200～+21% | +80～+72% | +26～+20% | −20～−25% |
| ブラジル | +49～+42% | −29～−32% | −36～−39% | −62～−64% |
| 南アフリカ | +48.2% | +17.3% | −34%[185] | 略[186] |

参考：Pew Center on Global Climate Change, "Common Metrics: Comparing Countries, Climate Pledges," September 2011; 南アフリカの部分は、South Africa Department of Environment Affairs and Tourism, "*Long Term Mitigation Scenarios: Strategic Options for South Africa,*" October 2007, World Resource Institute, CAIT Ver. 8.0 を利用。

## 1.「第二約束期間」の設定をめぐる論争

まず京都議定書第二約束期間については、先進国と旧ソ連構成国からなる附属書I国が、2013年以降も国際条約によって法的排出削減目標を設定するか否かをめぐって交渉が難航した。京都議定書の第二約束期間への延長を主張するEUと、第二約束期間を拒否する日本とカナダが、自らの立場を受け入れるようロシアに対し説得を繰り返した。しかし、各国が立場を崩さない状況を受け、EUは単独でも第二約束期間を実施すると公式に表明した[187]。そこには、第二約束期間終了後のポスト京都議定書の国際枠組が構築されるまでの国際法的空白期間を埋める狙いがあったと見られる。

また、EUは排出削減目標の達成に用いる「欧州域内排出取引制度」(European Union Emission Trading Scheme、略称EU-ETS)の拡大を図った。

EUは従来、市場原理に基づいた制度による排出削減の主体的な利用には否定的な立場を取ってきたが、近年、欧州環境理事会ではOECD諸国によるEU-ETSの運用を推奨しており、気候変動交渉の議題にも組み込もうとしていた[188)]。EUが、ポスト京都議定書枠組内でEU-ETSの継続と利用規模の拡大を目指していたことは明らかである。その理由は、1990年比20%から30%削減というEUの削減目標が十分に達成可能であると見込んでいたからである。遅れて欧州連合に加盟した東ドイツや東欧諸国は、90年代に経済発展が停滞したことや、もともとエネルギーの消費効率がかなり悪かったことから、温室効果ガス排出量は1990年比ですでに減少している。1990年を排出削減の基準にした京都議定書の第二約束期間の設定は、EUにとって容認しやすいものであった。

ダーバンでは、第二約束期間を2013年から2017年までの5年間にするか、それとも2020年までの8年間にするかについては、2012年ドーハでの第18回締約国会議に持ち越されたが、ともかく日本、カナダ、ロシアを除いた形で京都議定書が継続されることになった。これにより、2013年以降に法的削減義務を負う先進工業国はEUのみとなった。ただし、日本はカナダ、ロシアとは違い、京都議定書を離脱することはせず、「クリーン開発メカニズム」(Clean Development Mechanism、略称CDM)[189)]の実施を続けるとした。日本は2013年以降、法的義務を有する削減目標を設定しないものの、先進国が途上国で排出削減の枠を獲得するためのCDMに引き続き参加するとした。しかし、排出削減目標がなければCDMを利用して削減分を獲得する根拠がなくなるであろう。日本が京都議定書を完全に離脱しなかった理由は、離脱による体面へのダメージや、途上国からの批判を避けたかったためであると考えられる[190)]。

## 2. ポスト京都議定書をめぐる交渉のあり方について

COP17において議論が紛糾した二つ目の議題は、京都議定書の第二約束期間に参加しない締約国による、2013年以降の具体的対処行動の策定であった。EUの気候変動担当委員コニー・ヘデゴー氏（Connie Hedegaard）は、第二約束期間終了後2020年までに設置する新たな枠組について、2015年までに国際交渉を完了させるという明確な行程表(ロードマップ)が必要であると繰り返し強く主張した。一方で米国は、EUがこれほど強調する交渉年限の設定は、それほど重要ではないとした。米国務省トッド・スターン（Todd Stern）気候変動担当特使は、会議中に数度開いた記者会見で、「EUが強調する『ロードマップ』は私には分かりにくい。私の理解では『プロセス』と言うべきであろう。しかし今行うべきなのは、去年カンクンですべての主要経済国が合意した内容を実現させていくことではないだろうか」という趣旨の発言をし、EUの主張に対する懐疑と、難航する交渉への不快感をあらわにした[191)]。

このように、交渉年限の設定をめぐって米欧間の対立が浮上したものの、主要排出国である新興国による対処行動と責任の負担については、米欧の立場は接近しつつあった。EUはこれまでに、自ら先進国としての対処責任を強調してきたが、ダーバン会議をきっかけに中、印、ブラジル、南ア等すべての主要経済国による積極的な対応を要求するようになった。これは、MEFが開催されて以来、先進国と新興国の間で徐々に形成された一種のコンセンサスであると言える。ヘデゴー氏は、EUが率先して排出削減に努めると強調しながらも、EUの温室効果ガス排出量は全世界の11%しか占めておらず、その他の主要経済国が共通だが差異ある責任の原則に基づき、法的な枠組の下で行動しなければならないという公式見解を述べた。しかし、法的な枠組という点をめぐって、EUと新興国である中、印、ブラジル、南アとの間に食い違いが生じ、新たな対立軸が加わった。

### 3. ポスト京都議定書の法的性格をめぐる紛糾

EUが強く主張する「新たな包括的かつ法的拘束力」のある枠組（a new comprehensive legally-binding framework）の構築に象徴されるように、2013年以降の京都議定書の延長問題に加え、2020年以降の中長期枠組の構築をめぐって、EUと米国は水面下で論争を続けた。EUが推進する国際枠組は、条約によって各国の排出削減行動と目標を規制するものであり、米国議会にはそれが受け入れがたいものであったため米欧間で対立が起きた。米国はカンクン合意の更なる交渉と実施の重要性を強調し、EUがこだわる法的拘束力のある枠組はすでにカンクン合意に含まれている」と指摘した。

一方、COP17における最大の出来事は、新興国が2020年以降、法的枠組に参加する意思を表明したことである。会議も中盤に入ったころ、中国代表団副団長を務める国家発展改革委員会気候変動対応司長の蘇偉氏が、先進国の京都議定書延長を条件に、「2020年以降の法的枠組への参加を排除しない」という方針を打ち出し、これを受けて、EUの要請でブラジルと南アもこれに同調した[192]。米国は、中国に続き、南ア、ブラジルも2020年以降の法的枠組に参加する意思を表明したことで、法的な国際枠組への参加を拒否する理由がなくなると考えられた。これにより、EUが狙う京都議定書の延長と将来の法的枠組の構築への道筋がほぼ整い、残るはインドの強い抵抗を解決するのみとなった。

ヘデゴー氏はインドの環境森林大臣ジャヤンティ・ナタラジャン氏(Jayanthi Natarajan)と最終日の本会議において折衝を行い、インドが受け入れられる法的拘束力のある国際枠組のあり方を探った。EUが望んだのは、法的拘束力の最も強い議定書であった。一方で、インドはこれに反対し、結局、将来の国際枠組を「議定書(protocol)、法的文書(legal instrument)、もしくは法的効力を持つ合意結果(agreed outcome with legal force)のいずれかにする」という文言でEUとインドの間で妥協が成立した。

会議の最後に、ポスト京都枠組を議論するための「更なる行動のためのダーバン・プラットフォーム特別作業部会」(The Ad Hoc Working Group on the Durban Platform for Enhanced Action、略称AWG-ADP)の設置がEUと米国、そしてEUとインドなど新興国間の妥協によって採択された。これによって、すべての国が参加する国際枠組を議論する場を立ち上げることが決定された。新たな作業部会の設立に伴い、AWG-LCAのマンデートは終了することになった。

## (二) ダーバン合意の採択と将来法的枠組構築の受け入れ

### 1.「ダーバン・プラットフォーム特別作業部会」(AWG-ADP) の設置

COP17で立ち上げられた「更なる行動のためのダーバン・プラットフォーム特別作業部会」(以下 AWG-ADP と称す) の具体的目的は、バリ行動計画に基づき、AWG-LCA における交渉期間を一年間延長し、COP16、COP17 及び COP18 で採択される決定をもって国際合意に達することである。また、その時点で AWG-LCA の作業は終了することとなる[193)]。AWG-ADP で、「すべての締約国に適用される議定書、法的文書、または法的効力を持つ合意結果」を発展させる手続き (process) を起動することが決定された[194)]。さらに、交渉期限の設定に関して、新たな体制の発効と実施は 2020 年から開始するとされ、各締約国における国内批准に十分な時間を与えなければならないため、AWG-ADP はその作業を遅くとも 2015 年までに完了することが合意された[195)]。AWG-ADP での交渉議題は緩和、適応、資金、技術開発と移転、行動の透明性 (transparency of action)、支援と能力構築であるとされた[196)](「ダーバン合意」の主な内容については、付録Ⅰの三を参照)。

ダーバン合意が採択されて以降、2015 年のパリ会議までに国連交渉は AWG-ADP 及び AWG-KP という二つの作業部会で継続されていた(【図 4-1】を参照)。AWG-KP の下では、京都議定書の第二約束期間に関連する事項について作業を行ったが、実際に注目されていたのは AWG-ADP での交渉である。AWG-ADP は引き続き 2020 年以

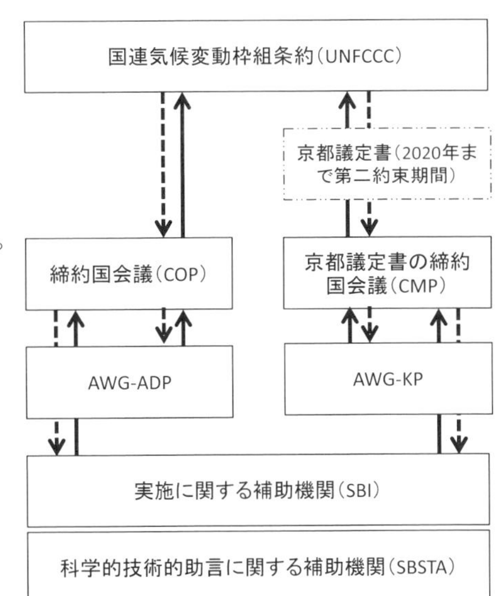


出典：筆者作成。

【図 4-1】2012 年から 2015 年までの国連交渉の組織図

降の国際枠組をめぐって、二つのストリームのそれぞれについて意見が出され、議論が重ねられていた。

### 2. 法的枠組の構築をめぐる議論

気候変動をめぐる国際交渉は1990年代に始まり、既に20年以上が経過した今(2016年現在)、ようやくAWG-ADPの立ち上げによって、すべての国を含むグローバルな対処が本格的に動き出すことになった。その交渉で最も重要になると思われるのが、COP17で合意したAWG-ADPである。また、AWG-ADPは、UG諸国が2002年に京都議定書を批准して以降、米国と共に主張するようになった「すべての国の共通ルールに則った行動」の原則と、2010年のCOP16に臨んで固めた「すべての主要国が参加する公平かつ実効的な国際枠組の構築」の方針に合致している。

2012年に立ち上げられたAWG-ADPは、2015年にパリで行われる第21回締約国会議に向けて、米国と中国を含む主要排出国が気候変動に対処する規則を定める重要な場となることは間違いない。ただし、ダーバン合意では、ポスト京都枠組の法的性格をめぐる国際交渉が、依然として残る課題であるとされている。2020年以降、すべての国が参加する国際枠組の構築は、UNFCCCのみならず、様々な関連制度、組織、機関間の整合性と連携、また多国間協議の実施などの影響を受けると考えられる。また、EUが強く強調する法的性格を持つ枠組は、中国やインドなど新興国にとってはもちろんのこと、米国にとっても受け入れ難いものである。従ってEU、米国、新興国が対立するなか、法的枠組の構築をめぐる交渉が、行き詰まる懸念は拭い去れない。

## まとめ

本章では、気候変動問題の深刻化に対応するポスト京都議定書をめぐる多国間協力体制の構築と、これまでの成果について整理し、コペンハーゲン会議を機に国際交渉が混乱に陥った過程を振り返るとともに、その影響を分析した。前章で考察したように、京都議定書が発効した2005年以降、国連の下で行われてきた多国間交渉は、ポスト京都議定書枠組の構築を議論するための原則、方針及び土台作りに重点を置いてきた。特に、如何に京都議定書から離脱した米国を気候交渉に復帰させるのかが中心課題であった。米国は、気候変動に対処するための新興国の政策、行動及びその信憑性の確保を求めており、新興国による行動準則の確立も主要な論題となった。それに応じるにあたっては、新興国は適応に関する施策のみでなく、資金、技術移転、能力構築、悪影響への対応などの議題において先進国の貢献と支援を強く要求した。両者の優先項目が異なっていたため、合意を得るには長い歳月を要した。

また、2010年に採択されたカンクン合意は、2009年に作成されたコペンハーゲン合意の追認であり、UNFCCCの正式な決定として法的義務が生じない排出削減目標の設定を容認し、またその中身がMEFでまとめられた合意文書の内容と大きな差異はなかった。ダーバン合意の採択を受け、将来的な枠組構築のための原則は米国、欧州と中国、インドなどの主要国により受け入れられるようになった。緩和策の実施に対するMRV制度の導入、適応策の推進、資金メカニズム（GCF）と技術移転メカニズム（TECとCTC&N）の運用など、技術面では様々な課題が依然残されているが、国際交渉の破綻回避という面では成功したと言える。

このように、排出削減目標の義務的設定を定めた京都議定書体制が弱体化しつつある一方で、自主的排出削減目標に基づく合意の枠組が形成され、国際気候交渉の構図及び新たに立ち上げられた体制は、これまでとは異なる新たな段階に入った。

注

135) コペンハーゲン合意第四項には「先進国による削減の実施及び資金の提供については、既存の、及び締約国会議によって採択される追加的な指針に従って、測定され、報告され、及び検証されるとともに、このような目標及び資金の計算方法が厳密な、強固なかつ透明性のあるものであることを確保する」と明記された。「コペンハーゲ

ン合意」外務省仮訳、2009 年 12 月。

136）“The Copenhagen Agreement”（“Danish Text,” November 27, 2009）COP15 交渉現場で入手したものである。

137）BAU（Business as Usual）とは、削減計画が実施されない場合、すなわち、何も削減対策をとらなかったとして想定した場合の排出量である。

138）「国連気候変動枠組条約第 15 回締約国会議及び京都議定書の第 5 回締約国会議　2009 年 12 月 7 日～ 12 月 19 日：概要レポート」12 巻、459 号、（財）地球産業文化研究所、50 頁。

139）“The Copenhagen Accord (Draft).” COP15 の交渉現場で入手。

140）「国連気候変動枠組条約第 15 回締約国会議及び京都議定書の第 5 回締約国会議　2009 年 12 月 7 日～ 12 月 19 日 : 概要レポート」12 巻、459 号、（財）地球産業文化研究所、50 頁。

141）UNFCCC 交渉の進め方として、COP、COP/MOP と AWG-LCA、AWG-KP はそれぞれ必要に応じてコンタクト・グループを結成できる。コンタクト・グループは、細かい項目に関する議論を担う下部交渉単位として機能するほか、論点の確認と整理から草案の作成まで交渉成果を法的に文書化する役割も果たしている。締約国会議の後半では AWG-LCA 及び AWG-KP が COP/MOP へ交渉報告書を提出し、その内容を本会議で討論する。それに応じて、議長がコンタクト・グループの結成を提案し、締約国の承認を得る。このコンタクト・グループの仕事は、両作業部会から送られた報告書に基づき合意文書を作成することであり、文書中の主題ごとにコンタクト・グループを補助するための草案作成グループも設置される。

142）「国連気候変動枠組条約第 15 回締約国会議及び京都議定書の第 5 回締約国会議　2009 年 12 月 7 日～ 12 月 19 日：概要レポート」12 巻、459 号、（財）地球産業文化研究所、7 頁。

143）「国連気候変動枠組条約第 15 回締約国会議及び京都議定書の第 5 回締約国会議　2009 年 12 月 7 日～ 12 月 19 日：概要レポート」12 巻、459 号、（財）地球産業文化研究所、50 頁。

144）Decision 1/CP.15, “Outcome of the Work of the Ad Hoc Working Group on Long-term Cooperative Action under the Convention,” FCCC/CP/2009/11/Add.1, UNFCCC, March 30, 2011. その後、コペンハーゲン合意に強く反対したベネズエラのチャベス（Hugo Chávez）大統領、ボリビアのモラレス（Evo Morales）大統領及びスーダンのナフィエ（Nafie Ali Nafie）副大統領は、コペンハーゲン合意の起草には参画しなかったと思われていたが、実は、このイベントに参加していたようである。COP15 交渉現場における聞き取り調査による。

145）「気候変動枠組条約第 15 回締約国会議（COP15）・京都議定書第 5 回締約国会合（CMP5）等の概要」外務省：< http://www.mofa.go.jp/mofaj/gaiko/kankyo/kiko/cop15_g.html>.

146）現時点では、ラスムッセン議長がなぜ少数国の抗議をもって決定のコンセンサスは得られていないとし、コペンハーゲン合意の正式採択を諦めたかについて、彼の真意はまだ分かっていない。ただ、コペンハーゲン合意の内容は、地球環境保全という視点から見ると、大気中温室効果ガス濃度を安定化させるほどではない自主的行動約束を容認したものであり、当初、議長国のデンマークが狙っていた妥協案との差が大きいことは確かである。

147)「气候大会捍卫立场 温家宝与奥巴马两次过招」（気候変動会議で立場を守り　温家宝首相とオバマ大統領が二回にわたって直接駆け引き）『中国評論通信社』2009年12月20日；「温家宝出席气候峰会纪实　最后关头关键作用」（ドキュメンタリー：温家宝首相が気候変動サミットに出席　間際に重要な役割を発揮）『中国評論通信社』2009年12月20日；“Wen Jiabao meets with Obama in Copenhagen,” *The China Daily*, December 18, 2009; “Many Goals Remain Unmet in 5 Nations’ Climate Deal,” *The New York Times,* December 18, 2009.

148)「解振华：中国应对气候变化坚持六项基本原则」（解振華氏：気候変動問題に対する中国の対応は六つの基本原則を堅持すべし）『新華通信社』2009年6月26日。

149) 同前掲。

150) COP15における国際交渉担当者（日本）に対する聞き取り調査による。2012年3月21日。

151) 例えば、COP6再開会議の際にオランダのプロンク（Jan Pronk）議長は交渉の論点を整理し、議長テキストを用意し、のちボン政治合意として採択され、京都議定書の発効に道を開いた。

152) コペンハーゲン合意第七条を参照。

153) “*all major economies* have come together to accept their responsibility to take action to confront the threat of climate change,” said by the U.S. President Barack Obama at COP15, December 19, 2009, U.S. Official COP-15 Website: <http://cop15.state.gov/>.

154) 全体の温室効果ガスの排出量は2005年の排出量を基準としており、土地利用変化（LUCF）を含む。World Resources Institute, Climate Analysis Indicator Tool（CAIT 8.0）を利用。

155) COP16の主催国であったメキシコとCOP17の主催国であった南アフリカは、議長国として緑の気候基金の実施条件と細則を確実に整えることを国際合意の主要な目標であるとした。

156)『ボン気候変動会議サマリー：2010年4月9日～11日』12巻、460号、（財）地球産業文化研究所、5頁。

157) 同前掲、6頁。

158) G77+中国は「COP15に対するAWG-LCA報告書、この報告書に基づきCOPで行われた作業、ならびに2010年4月26日までに締約国が提出する新しい文書を利用すべき」として妥協案を提案した。同前掲、23頁。

159) 同前掲、23頁。

160)『ボン気候変動会議サマリー：2010年4月9日～11日』12巻、460号、（財）地球産業文化研究所、16頁。

161) 同前掲、18頁。

162) 2010年4月に開催となった第11回AWG-KPの結論書（FCCC/KP/AWG/2010/L.2, UNFCCC）を参照。

163）「ボン気候変動会議サマリー：2010年5月31日～6月11日」12巻、472号、（財）地球産業文化研究所、14頁。
164）同前掲、47頁。
165）同前掲、47頁。
166）「REDD+」（REDDプラス）とは、バリ行動計画の1b（iii）で定めた途上国における植林や森林保全など、森林の減少と劣化を防止することによる森林からの温室効果ガスの排出削減政策に関する記述の略称である。原文は、"policy approaches and positive incentives on issues relating to reducing emissions from deforestation and forest degradation; and the role of conservation, sustainable forest management and enhancement of forest carbon stocks in developing countries."
167）「ボン気候変動会議サマリー：2010年5月31日～6月11日」12巻、472号、（財）地球産業文化研究所、48頁。
168）同前掲。
169）「ボン気候変動会議サマリー：2010年4月9日～11日」12巻、460号、（財）地球産業文化研究所、24頁。
170）「カンクン気候変動会議サマリー：2011年11月29日～12月11日」12巻、498号、（財）地球産業文化研究所、6頁。
171）同前掲、7頁。
172）同前掲、20頁。
173）会議の終盤を迎え、エスピノサ議長は本会議における入場制限をNGO参加者の要求に応じて無くし、会場の収容人数を遙かに超えた傍聴者を受け入れた。
174）Decision 1/CP.16, "The Cancun Agreement: Outcome of the Work of the Ad Hoc Working Group on Long-term Cooperative Action under the Convention," FCCC/CP/2010/7/Add.1, UNFCCC, March 15, 2011.
175）COP16交渉現場における傍聴内容による。
176）「カンクン気候変動会議サマリー：2011年11月29日～12月11日」12巻、498号、（財）地球産業文化研究所、8頁。
177）COP16における国際交渉の政府担当者（アフリカ・グループ）に対する聞き取り調査による。
178）同前掲。
179）"Elements of the Outcome, Note by Chair," FCCC/AWGLCA/2010/CRP.1, UNFCCC, December 8, 2010.
180）Decision 2/CP.17, "Outcome of the Work of the Ad Hoc Working Group on Long-term Cooperative Action under the Convention," *Report of the Conference of the Parties on its Seventeenth Session, held in Durban from 28 November to 11 December 2011*, FCCC/CP/2011/9/Add.1, UNFCCC, March 15, 2012.
181）"Joint Statement Issued at the Conclusion of the Seventh Basic Ministerial Meeting on Climate Change," Indian Ministry of Environment and Forests, May 29, 2011.
182）【表4-1】及び【表4-2】を参照。
183）その理由の一つとして、各国が約束した排出削減目標による温室効果ガスの削減分は、気温上昇を摂氏2度以内に抑えるために必要とされる削減分との間に大きな差があり、いわゆる「ギガトン・ギャップ」が存在すると議論されている。従って、各国それぞれの都合に合わせて提出された排出削減目標は、大気中温室効果ガス濃度の安定化をもたらすことができないと、環境団体はレジームの有効性を批判した。“5 Gigatonnes: the Gap between Climate Science and Current Climate Cuts after Copenhagen?” United Nations Environment Programme (UNEP) Press Release, November 23, 2010, “The Copenhagen Accord: A Stepping Stone?” World Wildlife Fund (WWF), January 2010.

184）排出強度（emission intensity）は、GDP当たりの温室効果ガス排出量として定義される。

185）南アフリカは、2020年BAU排出水準から42%を削減すると約束。

186）南アフリカは、2005年から2020年の排出強度について統計資料不備のため、省略する。

187）欧州連盟気候変動担当委員のコニー・ヘデゴー氏が閣僚声明の形で表明した。2011年12月6日。

188）“Council Conclusions: Preparation for the 16th Conference of the Parties to the UN Framework Convention on Climate Change Cancun, 29 November to 10 December 2010,” 3036th Environment Council meeting, Council of the European Union, October 14, 2010, p.6.

189）CDMとは、UNFCCC付属書I国が、開発途上国における排出削減事業や吸収源強化事業に投資し、認証排出削減量（Certified Emission Reduction）の発行を通じて達成された削減分や吸収分に関して、自国の削減目標を達成するために使用できる排出枠を獲得する枠組である。鄭方婷（2013）『「京都議定書」後の環境外交』、9頁。

190）COP17におけるNGO（インド）と交渉担当者（日本）に対する聞き取り調査による。

191）「COP17における米国公式記者会見」米国国務省、2011年12月7日。

192）これについて、中国の気候変動交渉代表・中国国家発展改革委員会解振華副主任は、のちに内外公式記者会見で蘇偉氏の発言に改めて触れた。

193）Decision 1/CP.17, “Establishment of an Ad Hoc Working Group on the Durban Platform for Enhanced Action,” Article 1, *Report of the Conference of the Parties on its Seventeenth Session, held in Durban from 28 November to 11 December 2011*, FCCC/CP/2011/9/Add.1, UNFCCC, March 15, 2012.

194）*Ibid.*, Article 2.

195）*Ibid.*, Article 4.

196）*Ibid.*, Article 5.

# 第五章

# 「パリ協定」の採択に至る経緯

## はじめに

2012 年の第 18 回 UNFCCC 締約国会議（COP18）が閉幕するまでには、締約国は緑の気候基金の創設、同基金の制度化及び運営、技術移転と実施に関する委員会、京都議定書柔軟性措置の継続利用、自主的排出削減目標の設定と MRV を含む国際的な評価の受け入れ、などについて一定の成果を上げた[197]。また、京都議定書の延長問題も、2020 年の発効を目標とするポスト京都議定書、すなわち 2015 年 12 月に採択された「パリ協定」体制の成立、そしてパリ協定体制の実施を以って京都議定書の第二約束期間が終了することも締約国によって合意された[198]。

2009 年のコペンハーゲン会議ではコペンハーゲン合意という法的拘束力のない政治的合意しか得られなかったにもかかわらず、その後、国連において一連の正式合意がなされた原因は、依然十分に解明されてこなかった。これを解明することが本章の目的である。

## 一．一連の国連交渉の経過とその成果

2012 年 11 月下旬から、カタールのドーハで UNFCCC 第 18 回締約国会議（COP18）が開催され、COP17 の延長戦として 2013 年以降の京都議定書第二約束期間の設置のための議定書改訂案、AWG-LCA 作業の正式終了、2013 年ま

での短期及び2020年までの中期的資金拠出問題、そしてAWG-ADPの成果をめぐって交渉が行われた。

このCOP18では、三つの重要交渉事項があった。まず、AWG-KPにおいて、第二約束期間の設置及び柔軟性措置の運用ルールに対する検討を含む京都議定書の改正案を作成することである。AWG-KPでは、第二約束期間の設置に伴った京都議定書の改定案の作成が「柔軟性措置の運用細則と参加資格(適格性)」[199]、「余剰初期割当量(AAUs)の繰り越し(carry-over)問題」[200]、「第二約束期間の長さの設定」[201]をめぐる締約国間の不一致によって作業に長い時間を要した。にもかかわらず、第二約束期間の設置が交渉の前提となっていたため、AWG-KPは比較的に早い段階で作業を終えて成果文書を用意し、CMPに提出した。

次いで二つ目は、AWG-LCAでは、先進国グループがAWG-LCAのマンデートの終了を重要視する一方、途上国側はGCFに関する基金の確実な出資を最優先課題とした。AWG-LCAでの作業は課題が山積みで、会議の予定最終日の12月7日まで議論が続いた。AWG-LCAでは、共通のビジョン、緩和と適応策への支援、知的財産権、技術移転、公正・衡平原則の取り扱いなど様々な課題が残されていたが、経済新興国にとっての最優先課題は資金問題であった。これについては、12月6日にBASIC諸国が主催した共同記者会見での発言から推察できる。

中国代表団の団長を務める中国国家発展改革委員会副主任解振華氏は、「我々がAWG-LCAで重視するのは『資金』であり、これさえ解決できれば、技術やその他の問題をめぐる交渉は我々にとって容易となる」と発言した。また、「金融的支援がなければ、知財や適応など交渉する意味はなく、資金の提供と約束の実現によって双方の信頼関係を構築する必要がある。(中略)我々が気候変動と戦うためには一兆米ドルを要する」[202]と語った。ブラジルも「短期及び中期的資金援助との間に空白期間がなくなるようにし、また先進国による資金の支援規模を拡大すること」[203]を強調した。またインドは、資金の利用計画に関する質問に対し、「資金が入ってから考える」[204]と答えた。南アフリカは締約国の即時の行動を強調し、「2013年からの中期的支援において、具体的な資金援助を得る必要がある」[205]と述べた。

そして重要事項の三つ目は、AWG-ADPにおいてすべての締約国に適用できる法的性格を持つ、ポスト京都枠組の作業計画をまとめることである。しかしAWG-ADPでの作業は、AWG-LCAにおける資金問題のため難航していた。AWG-ADPは2012年5月に発足し、ラウンドテーブル方式で対話を重ねてきていた。内容的には、決定1/CP.17の第2段落から第6段落に関する「ワーク・ストリーム1：2020年以降枠組の構築」（Workstream 1: the 2015 agreement）と、第7段落から第8段落に関する「ワーク・ストリーム2：2020年まで緩和の野心向上」（Workstream 2: pre-2020 ambition）の二つに分けて議論が展開された。COP18では、交渉の末に「2013年から2015年までの作業計画」が共同議長によって作成され、ワーク・ストリーム1と2のそれぞれについて、ラウンドテーブル討論とワークショップを開催し、各国や公認のオブザーバー組織による提案を審議することで合意された[206]。

同作業計画の第13段落（d）項をめぐって、米国と中国がADPの閉会前の本会議で対立し、今後の作業内容の一部について「約束（commitments）を定義し、反映させる方法」を主張する米国に対し、中国は開発途上国が先進国のように「約束」をするのではなく、あくまでも「行動」（actions）をとると強調したいがために、「約束と行動を定義し、反映させる方法」という文言に固執した[207]。議論の末、議長席前での直接折衝によって「強化された行動（enhanced action）を定義し、反映させる方法」で合意に達した。

このように中国は、気候変動問題への対処において米国との協力関係を発展させてきたにもかかわらず（米中協力関係の発展に関しては第六章で詳述する）、公の場では途上国の立場を代弁するために、あえて先進国、特に米国との不一致を際立たせる傾向がある[208]。その理由は以下のようであると考えられる。

中国は、初の地球サミットに先立って、1991年6月に「環境と開発に関する発展途上国閣僚級会議」を開催し、「北京宣言」を発表した。同宣言は、環境破壊の原因を先進国による非持続的な生産と消費様式であるとし、環境と開発問題に関連する国連交渉における途上国グループとしての基本的立場を定めた[209]。中国は、自国の立場を途上国グループの一員と位置付けるとともに、その他の途上国との一致団結と協力関係を強化することを、自らの外交戦略の基礎としている。

気候変動問題は、途上国グループにおける中国の威信を強めるのに絶好の機会を提供していたと見られる[210]。また、2001年に、途上国の排出削減義務がないことを理由に米国が京都議定書を離脱したことで、途上国グループは、先進国からの温室効果ガス排出削減圧力を危惧し、米国を気候変動問題への対処における「悪役」と見なして、途上国に削減義務が課されるのを回避しようとしていた。中国は途上国の代表として国際交渉に取り組む以上、米国の立場に接近することを控えたのであろう。この点においては、気候変動をめぐる米中間の協力が大きく推進されてきていたにもかかわらず、国連での交渉現場に限って言えば、二国間関係の改善が水面下で進められていた。ただし、2009年のコペンハーゲン合意は両国首脳の直接協議によって作成されたものであり、両国がポスト京都枠組の形作りに重要な役割を果たしたことは間違いない。

### (一)COP18「ドーハ・クライメイト・ゲートウェイ」の採択(2012年)

ドーハ会議では、資金問題などをめぐり、米中両国を軸とする主要経済国の立場の不一致が原因で会期が一日延長されたが、12月8日午前に「ドーハ・クライメイト・ゲートウェイ」(Doha Climate Gateway)[211]と称する九つの議長提案が発表され、のちに一括案として採択された。これらの提案に対して、会場内外の様々な場所で、交渉グループ内、または交渉グループ間での議論が行われた。その日の午後六時半頃よりCMP及びCOPの本会議が再開され、会議の終盤で議長のアティーヤ(Abdullah Bin Hamad Al-Attiyah)カタール行政監督庁長官が議長案への意見を締約国に求めたが、異論を唱えた国は一つもなかったため、一連の提案が未修正のまま採択された。

このアティーヤ議長が提案した一括案の採択によって、2020年までの国連気候変動交渉の道筋が示された。2013年の第二約束期間の開始やGCFの運営などの交渉課題は確定したが、主に資金の拠出に関する先進国の約束とその実現をめぐり、途上国と先進国間の不信が完全に解消されたわけではない。前述したAWG-ADPにおける米国と中国との対立に見られるように、この会議までには主要排出国間、特に先進国と経済新興国との協力関係がMEFの開催以来大幅に改善されたものの、双方の信頼関係の不足を継続的に改善することこそ、当時解決を図るべき最大の課題であったと思われる[212)]。特に、UNFCCCに比べると、MEF、G8やBASICなど国連外の多国間協議の下でなされる折衝と駆け引きのほうが、多国間合意に対してより顕著な影響を及ぼしていた。

ドーハ・クライメイト・ゲートウェイは、主に九つの国連決定によって構成されている。まずCOP決定として、「AWG-ADPの推進」[213)]、「AWG-LCAの作業結果に関する決定」[214)]、「長期的資金に関する作業計画」[215)]、「資金に関する常設委員会の報告」[216)]、「緑の気候基金による報告及び基金の指針」[217)]、「途上国での気候変動関連損失と被害に対応する手法」[218)]と「締約国会議と緑の気候基金との間の取り決め」[219)]の七つが採決された。

また、京都議定書に依拠するCMPの決定として「吸収源、排出取引、方法論、潜在的環境的、経済的、社会的影響の実施の含意」[220)]、「第二約束期間の設置に関する議定書第三条九項の改定」[221)]に関する二つの決定がなされた。これらの決定の他に、技術開発と移転問題に関する「CTC&Nの完全な運営に関する取り決め」[222)]、そして途上国のMRV制度の実施の強化に関する「ICAの下の技術専門家チームの構成、様式とモダリティ」[223)]等の文書が作成された（資金及び技術移転問題に関する取り決めの内容については、付録IIの四と五を参照）。

## (二)COP19「損失と被害に関するワルシャワ国際枠組」の設立（2013年）

### 1.「気候変動の悪影響に関する損失と被害に関するワルシャワ国際枠組」の採択

UNFCCC第19回締約国会議（COP19）の開催を控えた2013年11月8日の早朝に、ハイエン台風（Typhoon Haiyan）がフィリピン中部に上陸し、甚大な被害をもたらした。6,000人以上の死者及び行方不明者、数多くの家を失った被災者及び巨大な経済損失を引き起こしたハイエン台風は、その後11月12日に始まったCOP19で、交渉の流れに確実に影響を及ぼした。適応策に含まれる災害防止や災害対応、そして「損失と被害」(loss and damage)が重要視され、議論の中心の一つとなったことで、UNFCCCのもとでの早急な対応が求められていた。

損失と損害とは、UNFCCCの事務局によれば、「自然及び人間システムに悪影響を及ぼす気候変動に伴う影響の実際の発現または発現の可能性[224)]」として定義される。また、損失とは不可逆的な影響であり、それに対して損害とは修復可能な影響を意味する。COP18ドーハ会議の結果を受けて、COP19では損失と損害について制度的メカニズムを設立し、途上国及び脆弱国における問題に対処するという内容で合意がなされた。

特に、損失と損害は、途上国と先進国との対立点となっている。損失に関しては、気候変動の進行を引き起こした原因として二酸化炭素を排出してきた先進国に責任を求め、補償を要求している。また損害についても、修復のための支援を先進国が提供するべきであると主張している。これらについて先進国、特に米国は具体的な措置を定めることを拒否してきた。2015年に採択されたパリ協定では、損失と損害に関して第八条が定められたが、補償に関しては触れられていない。ただ、早期警戒システムや緊急時への備えなど、八つの内容について引き続き討論することが決定された。

## 2.「INDC」方式の確立

2011年年末のAWG-ADPの成立を受け、締約国が2012年より2020年以降の枠組をめぐって新たな交渉を始めた。ドーハ、ワルシャワ会議を経て、米国が主張する「国別自主的貢献」(Intended Nationally Determined Contributions、略称INDC)という、強制的な排出削減目標を設定するのではなく、それぞれの国が自国の状況を勘案した対策案を提出、実行し、評価を受けるという手法が確立するようになった。交渉過程における最大の問題は、中国などの途上国が新たな方式をどう受け入れるのかであった。UNFCCCに掲げられる共通だが差異ある責任を一貫して強調してきた一部の途上国は、先進国による技術と資金支援の担保について求めながらも、自らの行動が国別貢献に拘束されることに対して懸念を表明していた。

京都議定書の第一約束期間においては、先進国と旧ソ連諸国を中心とした一部の締約国のみに排出削減義務が課されていた。これらの削減義務に関する数値目標は同議定書によって定められており、達成できなかった場合にペナルティなどの罰則が適用される。しかし実際には、2013年から2020年までの第二約束期間は正式に発効しておらず、米中日などの主要経済国にも排出削減などの義務が課されていないなかで、主要国はそれぞれ自主的な目標を提出しており、取り組みを進めている（【表5-1】を参照）。

一方、2020年以降の枠組に関しては、2011年のCOP17ダーバン会議において、「すべての締約国に適用される」という文言がダーバン合意に盛り込まれた。途上国はすべての締約国という記述に懸念を持っており、その理由は、排出削減の責任を先進国のみが負うべきだという従来の原則を修正するような先進国の意図を読み取っているからである。

2020年以降の国際枠組のうち、緩和策の推進において最も重要な部分となるのは、事前協議型の国別自主的貢献とみなされるINDCの提出、審議、そ

【表5-1】主要排出国による排出削減目標及び国別自主的貢献（INDC）

| 国名 | 基準年 | 2020年目標 | 基準年 | INDC |
|---|---|---|---|---|
| 米国 | 2005年 | 排出量17%減 | 2005年 | 2025年まで排出量26～28%を削減 |
| 中国 | 2005年 | GDP当たり排出量40～45%減 | 2005年 | 2030年まで排出量を頭打ち（ピークアウト）させる；GDP当たり排出量60～65%を削減 |
| 欧州 | 1990年 | 排出量20%減 | 1990年 | 2030年まで排出量40%を削減 |
| 日本 | 2005年 | 排出量3.8%減 | 2013年 | 2030年までに排出量26%を削減 |
| インド | 2005年 | GDP当たり排出量20～25%減 | 2005年 | 2030年までに排出量33～35%を削減 |

出典：各国のINDCに基づき筆者作成（2016年4月現在）。

して実施である。2015年のパリ協定の採択により、INDCは先進国と開発途上国を含むすべての締約国が提出するものであるが、目標と行動の設定は各国の裁量に委ねられている。自主的約束とはいえ、COP19、COP20の交渉過程においては、ポスト京都枠組をめぐってINDCに適応策の設定や開発途上国に対する支援の提供なども含めるべきであるとの意見が途上国、特に島嶼国、脆弱な国々によって強く主張されていた。このため、パリ協定の合意にむけて一部の強い意見を持つ締約国に対し、中核的な対立点について妥協を引き出すことが、最終合意に道筋を付けるのに有効であるとの見方が強まっていた。

## (三)COP20「気候行動のためのリマ声明」の採択(2014年)

### 1. 国際交渉の経過──途上国の懸念

COP20で、国連決定の「気候行動のためのリマ声明」(Decision 1/CP.20, Lima Call for Climate Action)が採択されたが、AWG-ADPでの交渉は開発途上国による猛反発を受けていた。その最大の理由は、将来の枠組による「パラダイム・シフト」に対する強い懸念である。2020年以降の枠組では、すべての締約国による国別自主的貢献の提出が求められるが、UNFCCCの下で共通だが差異ある責任と各国の能力という原則を強調し、先進国の対処責任と行動を要求してきた開発途上国は、国別自主的貢献の提出によって約束や行動を強いられることを懸念しているのである。

途上国グループが130カ国以上に及ぶなか、当然、その立場は一枚岩ではない。例えば、アフリカ諸国(African Union)は緩和策のみではなく、適応策もINDCに含めるべきであると主張するだけでなく、途上国による適応策の設定は先進国による支援の提供が前提となることを繰り返してきた。また彼らは、後発開発途上国や環境が脆弱な国や地域に対し、特別な配慮と支援を要求していた。

また、小島嶼国連合(Alliance of Small Island States, 略称AOSIS)は海面上昇による国土の喪失と「気候難民」の発生を強調し、アフリカに同調して、最貧国と脆弱な国に対する特別な配慮と支援を強調している。さらに、各国が掲示した2020年までの排出削減目標並びに2020年以降の国別自主的貢献は不十分であるとし、更に野心的なものにすべきであると主張していた。

一方、中南米諸国が中心となる「ラテンアメリカ・カリブ独立連合」(The Independent Association of Latin America and the Caribbean、略称AILAC)は、適応策と途上国支援への重視を強調するとともに、同地域が抱える問題として人権、女性、先住民の文化と遺産に対する配慮や保護などの文言を加えるよう要求した。一方、ボリビア、インド、マレーシア、サウジアラビアなどが構成する「有志途上国」(Like-Minded Developing Countries、略称LMDC)は、UNFCCCで定められる共通だが差異ある責任と各国の能力という原則を、リマでの決定に含めるよう重ねて主張し、強硬な姿勢を崩さなかった。

COP20では、主張の異なるそれぞれの開発途上国グループが、交渉の終盤まで自らの立場を貫き、議長草案に修正を求めていた。UNFCCCはコンセンサス方式で決定を採択しているため、すべての締約国が草案に賛同するまで、締約国間で協議が繰り返された。そして協議の末、議長草案は米国、中国、EUなど主要国と上記の開発途上国グループとの間の歩み寄りによって修正が加えられ、会期を延長した二日目の未明に正式的な決定として採択された。

UNFCCCが締結された1992年以降、開発途上国間にある責任と能力の格差が拡大した。中国、インド、ブラジル、南アフリカなどは、経済が著しく成長してきた新興国として台頭してきたが、その一方で、経済水準が低く貧困層を多く抱える国々もまだ多く存在している。米中協調を背景に、すべての締約国に約束や行動を求めている新枠組の下で、共通だが差異ある責任と各国の能力という原則をめぐる認識の差異は、先進国と途上国間のみならず、途上国間にもある。リマ会議を経て、各締約国はパリ協定に向けて、当面国際交渉の継続を優先させたが、異なる責任と能力に基づく公平性を保つための論争は、パリでの交渉にとっての不安定要素であることは明らかであった。

### 2. 気候行動のためのリマ声明の採択

リマ会議においては、ケリー米国務長官がリマのCOP20の会場を訪れ、米中協力の過程とその成果を取り上げながら、エネルギー技術の革新などに基づく経済成長モデルの追求を強調した。また、交渉終盤の本会議では、一部の開発途上国による強烈な反発に対して中国代表が理解と憂慮の立場を示し、先進国との双方による歩み寄りを呼びかけた。結果的に米国、EU、開発途上国グループの譲歩によって気候行動のためのリマ声明が採択され、リマ声明を以って、全締約国が2015年のパリ協定の実現に向けて協力を続けていくとともに、島嶼国、後発開発途上国など脆弱な途上国への配慮を払うことを確認した。

2015年11月の第21回締約国会議（COP21）での合意採択に向けて、米国、中国など主要国はそれぞれINDCを発表した。【図5-1】で示したように、リマ会議以降、条約事務局に提出されたINDCの数は163件に上っている。これは190カ国を代表し、世界人口の98%以上をカバーしており（2016年11月現在）、パリ会議での合意の機運が高まっていた。以下の節では、2015年に採

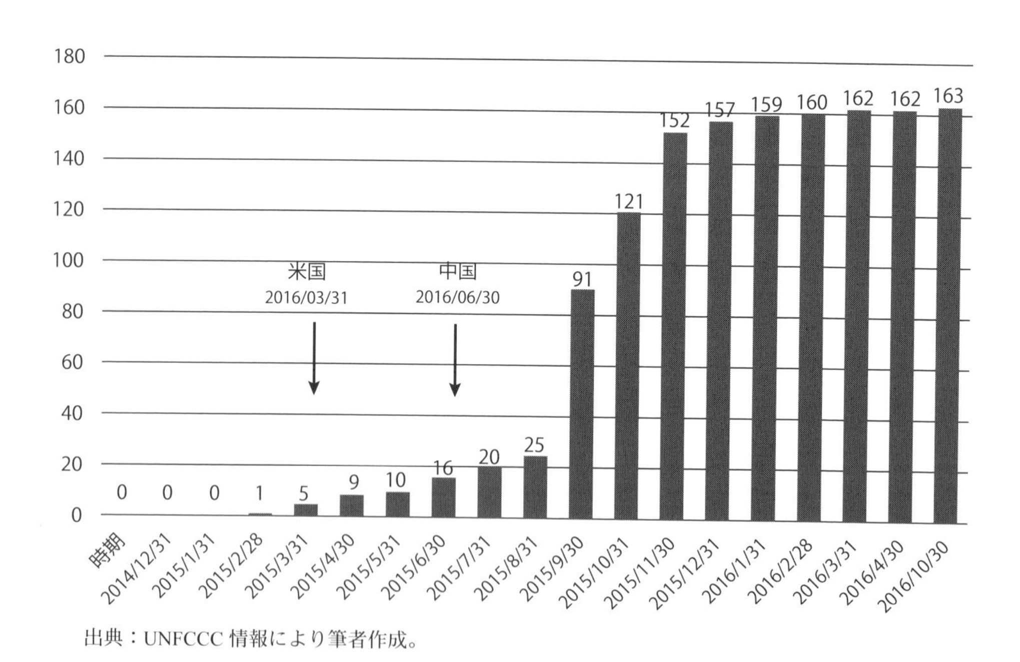


出典：UNFCCC情報により筆者作成。

【図5-1】締約国による国別自主的貢献の提出時期と数

択されたパリ協定の内容及び国際交渉の経過について、合意の結果を踏まえて分析する。

## 二. COP21パリ協定の採択（2015年）

### (一) 国際交渉の経過

パリ協定に至る国際交渉の過程では実に紆余曲折あり、今後も各国間で様々なテーマに関する議論が続くと見られる。近年、気候変動への対処は災害や金融など他分野での行動とも関連づけられるようになり、従来とは異なる国家間利害対立の複雑な様相を呈している。国連では全会一致の合意が益々困難となり、パリでの交渉は終盤まで合意内容をめぐる攻防が続いた。今後も気候変動対策は国際的に、そして政治的な注目を集め続けるといっていいだろう。

#### 1. パリ協定をめぐる主な対立点

パリ会議の終盤に行われた閣僚級会合以降は水面下で交渉が行われたため、最終合意案をめぐる文言の調整や折衝に関し、決して透明性が高かったとは言えない。また、合意文書が修正されていく過程では、少なくとも気温上昇抑制目標、差異化、透明性という三つの課題で対立が見られた[225)]。

まず気温の上昇抑制目標について、海面上昇や環境被害の深刻化に直面する島嶼国を中心に1.5度の主張がなされたが、全体として2009年のMEF首脳宣言で合意された2度の目標が堅持された。こうした気温目標をめぐる議論は、IPCCが2014年に発表した第5次評価報告書も根拠となっている。報告書では、今世紀末までに気温の上昇を2度未満に抑制できる可能性が最も高いシナリオは、2050年の世界温室効果ガス排出量が2010年と比べて40～70%低く、2100年に排出がほぼゼロ、或いはCCS技術で排出がマイナスになる場合である。現在の国別自主的貢献では2度未満の目標さえ達成は望み薄であることから、各国の行動をさらに促す目的で1.5度の主張が文面上に残ったと考えられる。

一方で、自主的貢献だけでは2度の目標達成が厳しいという現在の状況を認めつつも、現在の排出量削減努力を技術の進歩によって向上させることで２度の目標に近づけることの重要性を主張する国も少なくなかった。例えば、エネルギー効率の大幅な改善、ゼロ・エミッション技術、低炭素エネルギーの普及等、様々な英知を結集することで少しでも排出量の増加を相殺するという、将来の技術革新に望みをかける提案である。「1.5度か２度か」をめぐる議論は、既に交渉における政治的な選択になっており、結果として前述のような折衷案ともいえる文案に調整された。

二つ目の対立は先進国と途上国との差異化問題である。UNFCCCの第二条に基づき、"共通だが差異ある責任"という原則の下で、温室効果ガスを大量に排出し続けてきた先進国には対処責任が求められてきた。対処責任の差異は多くの途上国、特に海面上昇など被害の深刻化に直面する島嶼国によって強調され、彼らは先進国が更に率先垂範し積極的に行動するよう求めている。

一方で、経済成長に伴い排出量を増加させてきた新興国に対して、先進国、特に米国が実質的削減目標の設定と達成を強く求めるようになるなど、差異化をめぐる論争は先進国、途上国、新興国各々の間に存在しており、問題の核心はそのバランスにある。気候変動問題における対処の責任は、従来の「先進国対途上国」という「南北対立」の構造を越え、三者間の政治交渉課題になったと理解すべきである。

ただし、合意文書において差異が強調されたわけではない。先進国・途上国とは別に、合意案における「その他の締約国」の存在が興味深いことである。これまでにある対処責任による区別ではなく、「行動する能力」（in a position to do so）や「行動する意志」（willing to do so）による締約国間の区別が提案され、激しい論争の末、文面上は、これまでの先進国と途上国という区分に、その他の締約国が加わることで合意に達した。これは、中国など新興国による多額の資金支援が途上国にとって無視できなかったからである。また、緩和策の提出と実施などに関しては法的義務を伴わないが、すべての締約国に適用されており、結果として差異化は曖昧なものに調整された。

三つ目の対立は透明性といわれる各国の行動に対するレビューの問題である。

透明性に関する議論では、国別自主的貢献の実施状況や支援の提供と受け入れなどをめぐって、先進国と途上国が顕著に対立した。特に、途上国は、先進国が削減目標を確実に実践し、約束どおり技術支援や資金を拠出したか否かなどを追求する姿勢を一貫して崩さなかった。一方、先進国は、途上国に対しても実施状況や、これまでに受け入れた支援に関する報告などを要求した。さらに、各国とも透明性に関する枠組の設立に際して自国の自主的貢献が国際的にレビューされることに、敏感かつ慎重な姿勢をみせていた。

最終合意案では、「締約国の異なる能力を考慮し、経験が総合され組み込まれた柔軟性をもって、行動と支援のための強化された透明性に関する枠組を設立する」(第十三条一項）と、異なる能力と柔軟性を強調し、折衷した表現で決着がついた。そして同時に、透明性に関する枠組は「途上国締約国の能力に照らして、彼らに柔軟性を提供しなくてはならない。透明性に関する枠組の様式と手続きとガイドラインは、そのような柔軟性を反映させなければならない」(第十三条二項)と定め、国別自主的貢献の実施と達成義務があると読み取られないよう、途上国に配慮する形で決着した。

## 2. 米中協調とその影響

次章で米中両国それぞれの国内的政策を踏まえたうえで詳細に分析するが、気候変動問題をめぐる米中関係は過去に比べると大幅に改善されている。2009年のコペンハーゲン会議以前における両国それぞれの言動からは、「先進国と途上国との対立」という構図の二国間関係が浮かび上がる。しかし、近年の米中両国の言動及び交渉の過程を観察すると、米中関係の改善と二国間協力が国際交渉における合意に実際に影響を与えてきたことが分かる[226)]。

たとえば、2014年のAPEC首脳会議において米中首脳会談が実施され、共同声明が発表された。声明では、米中両国が「大国としての特別な責任」を強調し、国際合意を主導したいという意欲が示された。米国と中国はそれぞれ2015年の3月と6月に、自国の国別自主的貢献計画を国連に提出した。このとき中国は、2014年米中共同声明で約束した内容の他に、GDP当たり二酸化炭素排出量を2005年比で60%から65%削減し、更に森林蓄積を2005年比で40億立方メートル増加させるという2点を掲げた。さらに米中両国は、2015年9月下旬にも首脳会談を行い、米中共同声明を発表した。この共同声明で両国は、これまでの二国間協力を強化するほか、パリ会議を成功に導くために、気候変動問題において両国が果たす重要な役割を再確認した。

このような米中二国間協力は政治主導を背景に、CCS、省エネ、再生可能エネルギー、自動車、低炭素型の都市構築、エコ製品に関する二国間貿易など多岐にわたる分野において技術共同開発や経験の共有を展開してきた。パリ会議の開催を控えて、米国は具体的に大型車両対象の燃費基準を導入する意欲を示した。一方で中国は、2017年に全国規模の温室効果ガス排出権取引制度を開始すると発表した。パリ会議での中国の公式パビリオンでも米中協力に関するイベントが複数開催され、研究機関や企業間、州と省政府間など非国家主体による協力プログラムが紹介された。同時に、中国交渉団の団長を務める解振華中国国家発展改革委員会副主任は、国際合意の形成に対する米中間協調の積極的な役割を強調した。このように、両国の首脳や高官等、また交渉に直接に関わる担当者が、パリ会議の開催前から交渉の終盤まで友好ムードを作り出していたことは印象的であった。

### 3. パリ協定の採択と主な内容

2015年12月にフランスでパリ協定が採択され、これをもってUNFCCCの下で行われた気候変動交渉における今後の国際枠組が決定した[227)]。2005年に発効した京都議定書の効力が2020年までであるのに対し、今回のパリ協定は2020年以降を規定する枠組となる。

パリ会議で採択された成果文書は、「決定」(Decision)及び付属書(Annex)にあるパリ協定(Paris Agreement)の二部構成である。決定には数値や期限など詳細な事項が定められているのに対し、パリ協定では合意の目的、原則、方針などが規定されており、二つの部分は相互に参照されている。温室効果ガスの削減に関して、パリ協定の主な合意内容には四つの側面があり、それは(1)長期的な気温上昇抑制目標、(2) 締約国間の差異化 (differentiation)、(3) 資金の拠出およびアクセス、及び (4) 国別自主的貢献へのレビュー、いわゆる透明性(transparency)の問題、である。

まず (1) の気温上昇抑制の目標に関しては、欧州をはじめとする主要経済国が、2009 年末の COP15 で作成されたコペンハーゲン合意において、今後産業革命前に比べて摂氏 2 度以内に抑える目標に合意した。それに対し、気候変動による悪影響の拡大をさらに防ぐためには気温上昇を摂氏 1.5 度の上昇に抑制すべきである旨が、島嶼国を中心に強く主張された。最終的には「2 度未満(well below) を目標としながらも、1.5 度までの気温上昇に抑制するよう努力する」(パリ協定第二条) という内容で合意に至ったことで、コペンハーゲン合意以降の 2 度目標が概ね維持されたと言える。

(2) の差異化とは、気候変動に対処する責任の帰属が同一ではないことを指す。パリ会議では、2011 年、南アフリカで採択されたダーバン合意に基づき、条約の下「すべての締約国」に適用される合意文書の作成が大きな目標の一つとされてきた。実際に、条項ごとに細かい責任の区分に注目が集まり、中でも途上国を含む各締約国 (each party) が 5 年ごとに自国の国別自主的貢献を準備し、事務局に提出することが盛り込まれた(第四条)。一方で、先進国は率先して資金を集めるべく、条約の下で従来の義務を継続し、緩和策 (温室効果ガス排出の抑制を目的とした対策)と、適応策(気候変動の悪影響の抑制を目的とした対策) 双方に関して財源を提供しなくてはならない (第九条一項、三項)。また差異化に関して注目すべきは、その他の締約国 (other parties) の立ち位置である。協定では、その他の締約国は自主的に支援を提供もしくは継続的に提供することを歓迎する(第九条二項)。ここでの「その他」とは、先進国ではない支援の拠出国、すなわち中国など新興国を想定していると思われる。パリ会議の初日に習近平中国国家主席が、途上国での気候変動対策を推進するため、200 億人民元(約 3,700 億日本円相当)を拠出する支援策、いわゆる「南南協力」に言及し、合意に向けた意気込みを表明した。

三つ目は資金問題である。パリ協定では、コペンハーゲン合意に盛り込まれた「2020 年までに先進国全体による年間 1,000 億ドル」の支援規模を維持し、さらにその目標が 2025 年まで延長された（決定第 54 段落）。パリ会議では資金の拠出に関して、緩和策と適応策との間に「バランスの取れた」配分で対策を進めるよう求められている（第九条四項）。これは海面上昇や異常気象などの実害に直面する途上国の主張によるものであり、気候変動への適応策に積極的に拠出するよう要求している。また資金問題に関して、技術移転と資金措置との関連性が議論されるようになった。これは、途上国での技術開発、途上国への移転や普及、普及などに対する資金支援である。これに関しては、パリ協定にはまだ具体的な規定はないが、今後の重要な交渉議題として浮上した。

四つ目は、各国が提出する国別自主的貢献に対するレビューである。排出削減目標を含む 2020 年以降の国別自主的貢献は、罰則が設けられていないため、不履行の場合でも処罰されない。ただし、その実施内容、経過、結果について専門家がレビューし、また締約国が 5 年ごとに世界全体での気候変動対策の進捗状況を確認する体制として「グローバル・ストックテイク」（Global Stocktake）の開催について合意がなされた（第十四条）。こうした誓約と評価方式には、法的強制力はない分、排出の多い締約国の参加を確保することで枠組の有効性を高めるという狙いがあり、2009 年のコペンハーゲン合意以来、米国によって強く主張されてきた。これは、米国国内では議会で強制力のある国際条約を批准する見通しが立ちにくいからである。

2009 年のコペンハーゲン会議では合意案は正式決定とならず、留意される形でコペンハーゲン合意が残った。それから 6 年の年月を経て採択されたパリ協定は、これまで述べてきたように、コペンハーゲン合意の重要な部分を多く引継いでいるものと言える。

## （二）パリ協定の正式発効（2016 年 11 月 4 日）

国連会議での採択の後、2016 年 4 月 22 日にニューヨークにてパリ協定の署名式が行われた。同年、杭州市で開催する金融世界経済に関する首脳会合（G20）の開幕を控えた 9 月 3 日、米国のオバマ大統領と中国の習近平国家主席が共同でパリ協定の国内批准を発表し、国連の潘基文事務総長に協定の批准文書を提出した。南シナ海などの問題で溝が埋まらなかった米中両国であるが、気候変動問題とパリ協定での協調姿勢は、世界中から大きな注目を集めた。

この米中共同発表を受け、同年11月に開催された第22回締約国会議（COP22）を控えた各締約国が、批准に関する国内手続きを急いだ。G20以降パリ協定の発効までの2カ月間に、批准国は米中両国を除いて74カ国も増え、2016年11月4日の協定発効日現在、パリ協定の批准国は100カ国にも及んだ（【図5-2】を参照）。パリ協定は、世界全体の温室効果ガス排出量の55%を占める55カ国による国内批准書の国連寄託が正式発効の条件であり、2016年10月5日のEU全体による批准書の寄託をもって11月4日に発効した。

京都議定書は1997年の採択後、その効力発生までに8年間もの年月が費やされた。その原因は、米国が中国など新興国の不参加を理由に、国内締結を取りやめたからである。その後、発効条件を満たすためにEUと日本がシャトル外交を行い、ロシアの参加を説得して議定書を発効させた[228]。その京都議定書の発効過程に対し、パリ協定は正式署名からわずか半年間程度で正式発効

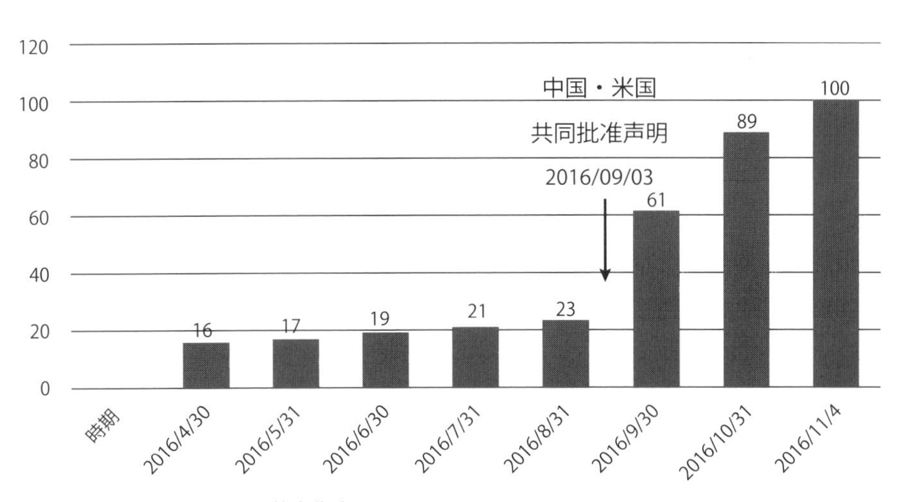


出典：UNFCCC情報により筆者作成。

【図5-2】パリ協定の発効にかかわる批准国・地域数

を実現した。ポスト京都議定書の合意は当初から困難な状況に置かれていたにもかかわらず、結果として国連の下ですべての締約国が参加する枠組として受け入れられた。これに関する諸要因、そして京都議定書との違いと比較について、以下で分析する。

## 三．パリ協定体制の特徴

### (一) 合意形成に関する主な議論

ポスト京都議定書の体制構築をめぐる議論は、パリ協定の採択によって一応の決着を迎えた。困難な気候変動国連交渉が今後の協力枠組という内容にまで踏み込んで合意に達することができた背景には、四つの要因を見てとることができる。

第一は、UNFCCC の対処原則である“共通だが差異ある責任”に基づく対応のための行動を、締約国が見直したことである。これは主に、新興国が急速な経済発展に伴う温室効果ガスの大量排出を如何に減少させるのかに関する議論である。2009 年のコペンハーゲン会議を経て、中国、インド、ブラジル、南アを含むすべての途上国は、それぞれ法的義務を負わない国内の排出削減と関連行動の目標を自主的に国連に提出し、UNFCCC 事務局に自国の適切な緩和行動として登録するようになった。

また、途上国を含むすべての締約国の排出削減に関する情報の提供が、特に強く要求されている。コペンハーゲン会議の結果を受け、2010 年に合意されたカンクン合意では、締約国が自国の国内事情を勘案したうえ、温室効果ガスの排出削減目標または緩和行動の計画を公表し、先進国を対象とする MRV 制度「国際的な評価及び審査」(International Assessment and Review、略称 IAR) または ICA (途上国を対象とする MRV 制度) を受け入れること、すなわち自主的行動に基づく手法が受け入れられた。カンクン合意によると、先進国による排出削減については、自国の排出削減目標及び対策に関する第一次の隔年報告書を 2014 年 1 月 1 日までに提出することが決定された。この報告書は、

IARの対象となり、2014年3月に国際的評価のプロセスが始まるとされた。

また、途上国による緩和策の実施については、2014年12月までにNAMAs、必要とする支援、受け入れた援助、または国内的測定、報告及び検証に関する情報等を含む第一次の隔年報告書の提出が決定された。途上国の隔年報告書はIARではなく、ICAの対象となる。途上国がICAにおいて国内対策の是非を論じないのは、自国の主権が侵害されるのを回避するためとされる（IARとICAの導入と実施に関する内容については、付録Iを参照）。

カンクン合意では、排出削減目標が達成されない場合に執られる遵守確保措置に関しては、国内の行動に対する国際的規制の導入を避けるために触れないこととなっている。国内行動への制約が課されないために、同合意は新興国を含むほとんどの締約国の賛同を得ることができ、多くの国が国内排出削減目標、或いは対策と行動計画をUNFCCC事務局に届け出た[229)]。ただし、自主的手法は広く受け入れられているにもかかわらず、カンクン合意に基づく各国の対策だけでは気候変動の深刻化を適切な水準まで緩和できないことが懸念されている[230)]。そのため、カンクン合意に基づく排出削減目標の達成を確保するとともに、先進国及び新興国による一層の約束と努力を実現させる遵守確保措置の設定の必要性が、EUと小島嶼国を含む一部の締約国によって強調されている。これをめぐって、欧州と米国間の隔たりは大きく、交渉は結論に至っていない。

二つ目の要因は、締約国が温室効果ガスの排出削減を行うほか、途上国と新興国の強い要求により、脆弱性、悪影響への対処を含む適応策の推進、資金及び技術移転問題などを重視するようになり、体制作りに向かって多角的かつ具体的な措置を定めたことである。適応問題では、UNFCCC第8回締約国会議（COP8）の「デリー宣言」[231)]によって提起され、COP11モントリオール会議で立ち上げられた対話のなかで正式に議論されるようになった。COP13で採択されたバリ行動計画では、適応に関する施策がポスト京都議定書における主たる交渉議題の一つとされ、それを軸に気候変動への対処方法が模索されたことが分かる。COP16で採択されたカンクン合意では、適応策の方が気候変動の緩和策よりも重要視され、締約国による適応基金の設立、及び先進国による出資に関する原則がまとまった。資金問題は適応策、気候変動の悪影響に関わっているために、多様な目的に基づいた基金の運用が、今後の国際気候変動施策の重点となる[232]。GCF の発足はカンクン合意を受けて、制度のあり方、運用と実施に関する細則とルールの早期策定の必要性が COP17 と COP18 で訴えられ、特に開発途上国の多くが重要視していた[233]。

なお、適応策の強化と気候変動の悪影響に対しては、京都議定書の第三条十四項に従い、技術の開発と移転が不可欠であるとされる[234]。カンクン合意の採択を受け、技術移転に関する国際協力の進展は、途上国によっても重要視され、TEC 及び CTC&N の構成、権限、機能または作業範囲、手続きなどに関して合意が得られた[235]。なお、国連外の二国間交渉と協力においても、技術の研究開発や革新、移転が気候変動への対応策の重要な一環として強調されるようになった。この点については、次章で米中間の協力関係の進展を事例として取り上げる。さらに、G8 や MEF をはじめとする主要排出国間、及び地域内で行われた国際協力においても、新技術の開発利用、普及、そして移転が共通の関心事となっている。

第三の要因は、法的性格に関する議論である。将来の気候変動の国際協力枠組の法的性格についての議論は、COP17 に際して締約国間の論争の焦点として浮上した。この法的性格をめぐって、EU は京都議定書のような議定書方式を用いた法的義務の導入を主張している。一方、米国はカンクン合意のように各国が自国の裁量に基づいて排出削減を行い、一定の条件で国際的評価・監査を受け入れる形で国際レジームを立ち上げようとしている。いずれにしても、枠組の法的性格をめぐる議論は、「将来の国際レジームが如何にその有効性を発揮し、継続的に遵守されるのか」という問いを常に意識しながら行われているのである。EU の考え方では、危険な気候変動を回避するために必要とされる排出削減分が各締約国の国別削減目標として割り当てられ、各国がそれぞれの目標を達成する方法こそが、気候変動への有効な対処の仕方であるとしている。しかし、米国内では、国際的に課される排出削減義務に対して反発が極めて強いため、米国は、自国の都合に従って国内の排出削減目標を定め、外部からの監視を受けながら目標の達成を図ることの方が、より現実的な方策であるとしている。

ポスト京都議定書の法的性格をめぐって、EU と米国が主張する形式のいずれにおいても、締約国の排出削減や施策に関する情報の公開は要請されている。従って、近年の国連決定では、附属書 I 国と非附属書 I 国を含むすべての締約国がそれぞれの排出削減目標、対策及び各国の事情に基づき、自国の排出状況、緩和策と行動の実施などを含めた国別報告書と国別登録簿を提出することが義務付けられるようになった。これは、締約国が公表した排出削減計画と関連行動を確実に実行したのか、また如何なる成果を上げたのかを判断する材料となる。つまり、適応策の実施、技術の開発と移転及び能力構築において、途上国が先進国からの支援を強く要求し、途上国はその見返りとして、自国が取った行動に関する報告書の提出を受け入れた。これによって途上国は、気候変動問題に対する行動意欲を先進国に示すこととなった。

四つ目の要因としては、資金問題、技術の開発・移転などをめぐって、締約国が UNFCCC と、関連するその他の地域や多国間レジーム、制度との協力関係の強化を要求したことである。特に、条約の主な資金メカニズムとなる GCF の発足と、技術開発と移転に関する制度間の協議の強化に当たっては、条約の下にある制度や取り決めとの提携関係の強化はもちろんのこと、国連の枠外にある関連機関や制度との協力関係も速やかに構築するよう、締約国は GCF 理事会、UNFCCC 事務局長、COP 議長、及び TEC にそれぞれ要請した。ダーバン合意に続きパリ協定の採択を受けたことで、途上国にとっての最優先事項である資金・技術移転問題の処理が、今後も国際交渉の中心議題となっていくことが予想される。

## （二）京都議定書との比較

2015 年に採択されたパリ協定と、2005 年に発効した京都議定書とが大きく異なる点は二つある。一つは、排出削減が強制的負担となっているかどうかである。京都議定書では、温室効果ガスの削減義務が、先進国と旧ソ連諸国を中心とした一部の締約国のみに限られている。また、排出削減の数値目標は同議定書によって定められており、達成できなかった場合にはペナルティが課される。法的強制力が付与されているとはいえ、排出大国である米国が批准しなかったことと、中国やインドなど新興国が削減義務を負わないことから、温室効果ガス排出量の削減という観点からは、京都議定書の有効性は非常に限定的であったと言わざるを得ない。

一方、パリ協定ではすべての締約国が自国の事情を勘案し、定期的に排出削減目標を含む国別自主的貢献を提出し、レビューを受けることとなっている。法的な罰則などが設けられていないため、これらの目標を達成できなかった場合でも、対処のための行動は各締約国の裁量に任せるしかない。現在、国別自主的貢献の登録を終えた締約国は 188 カ国に上り、これらの国による温室効果ガスの排出量は世界全体の 95% を占める（2015 年 12 月現在）。今後は、国別自主的貢献の実施を如何に担保し、2 度目標を達成させるかに、各国の関心が注がれることになる。

二つ目は、先進国と途上国との差異化である。パリ協定では、条約によって掲げられた“共通だが差異ある責任と各国の能力”という対処のための原則が尊重されてはいるものの、京都議定書にあるような先進国と途上国間の明確な境界線が次第に曖昧になってきた。例えば、京都議定書では、排出削減などの権利及び義務は、条約の附属書国（先進国及び旧ソ連諸国）と、その他の締約国（大半は途上国）に区別されている。一方、パリ協定はすべての締約国に適用されており、国別自主的貢献の提出など各国共通のルールが中心となっている。場合によっては、先進国及び途上国がそれぞれに取るべき行動を定めており、条約附属書国の引用といった京都議定書のような明確な区分はされなくなっている。

### （三）パリ協定後の国連交渉体制

パリ協定が採択されたことで、UNFCCC の下における交渉体制が変化することになった。2016年以降に「パリ協定に関する特別作業部会」（Ad Hoc Working Group on the Paris Agreement, 略称AWG-PA）が設立され、同協定の発効を促進するために、透明性や損失と損害などの未解決事項について引き続き作業する一方、AWG-KPは第二約束期間の2020年まで存続し、CMPに対して報告を行う。パリ協定が2016年11月より発効し、各締約国がAWG-PAのもとでも作業を行い、その結果を、COPに並行するパリ協定の締約国会議(CMA)に対して報告を行うことになる(【図5-3】を参照)。

2015年のパリ協定は世界中から注目を浴びるなか採択されたが、様々な課題における各締約国の行動を定めたというより、各国がこれから行動するための法的根拠が作成されたにすぎない。例えば、資金の拠出と受け入れを計算・報告する方法論、グローバル・ストックテイクの実施要領など数多くの項目の細則を、今後作成する必要がある。そこで、透明性に関する枠組に関しては、

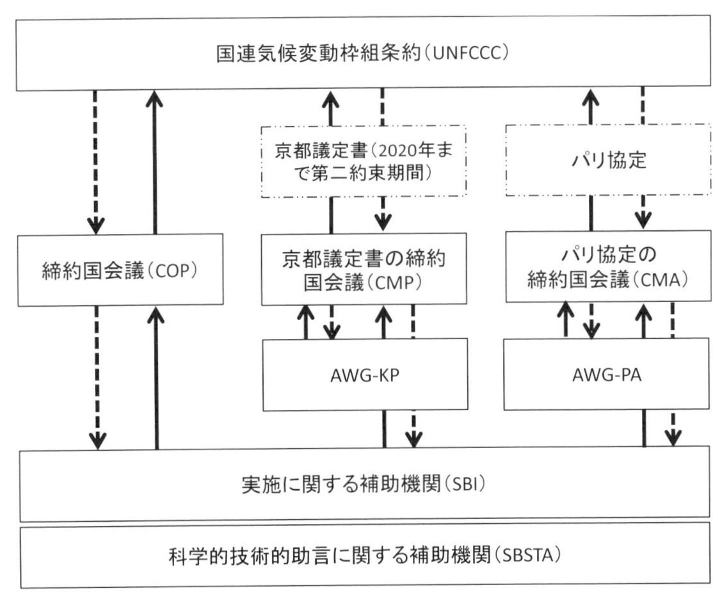


出典：筆者作成。

【図5-3】パリ協定発効後の国連交渉の組織図

行動と支援の透明性に関する共通の様式、手続き及びガイドラインをこれから議論し、2018 年頃までに採択しなければならないとされる。これらの中には、単に技術的なものもあれば、そうではない複雑な課題もあり、何らかの対立が予想される。パリ協定の合意が気候変動への長期的対処のためのスタート地点となるには、まだ歩まなければならない道程が残っている。

## まとめ

COP15 以降の気候変動国際交渉では、第三章で紹介した多国間協議の定期的実施を背景に、UNFCCC 枠内での合意が生み出され、主要経済国によって受け入れられた。すべての締約国による実質的な参加が望まれるなかで、首脳レベルでの折衝の結果として、先進国と新興国を含む途上国との間ではコペンハーゲン合意が作成され、その後、カンクン合意によって具体的な措置と枠組がまとまり、パリ協定の採択に至った。合意の交渉過程では締約国の意見と立場が大きく異なっていたが、それまでに立ち上げられた緩和、適応、資金、技術開発と移転に関する諸制度と関連する取り決めは、2009 年 4 月に発足した MEF によって描かれた国際枠組のあり方と根本的な差異はなく、制度化の方向性はより明確になった。

また、ポスト京都議定書枠組のあり方をめぐって、多国間協議が UNFCCC の AWG-ADP の下で行われただけではなく、既存の MEF、G8、BASIC などにおいても議論は継続している（巻末の「気候変動問題への対処に関する年表」を参照）。とりわけ、国連の場では依然として途上国と先進国とが対立しているが、国連外における国際レジームの下で行われる多国間協議が、補完的な役割を果たすようになってきている。

その理由は、これらの国際レジームはポスト京都議定書の構築をめぐる交渉で機能が重複しながらも、コペンハーゲン合意からカンクン合意を経てパリ協定に至るまでの一連の国連決定の採択によって、UNFCCC との競合関係が解消されるようになったからである。つまり、ポスト京都枠組における対処原則と手段のルール作りをめぐって、主要国が合意形成に向けた主な争点を明確化し、妥協案を模索しながら、MEF、UNFCCCとその他の様々な多国間協議の下で議論を重ね、最終的に国連での正式な合意を目指す方針を示すようになったからである。これらの多国間協議は、国連内における主要経済国・排出国の強い利害対立を背景に、相互不信を解消する手段として、可能な対処方法を探る新たなプラットフォームであると理解しうる。これによって、米国主導のMEFも、先進国がUNFCCCに代替しようとする手段であるという、中国などの新興国が抱く懸念は払拭され、一定の相互信頼に基づき、国連の外において主要大国間の立場と利害の対立を調整する場として役割を果たす結果となった。

ただ、中国などの経済新興国は、UNFCCCの下での国際協力を強調し、国連に取って代わる制度の立ち上げを否定する立場を鮮明にしながら協議を進めてきた。現状においても、UNFCCCは米中などの主要国によって、合意を結ぶ正式な場と位置付けられている。このように、並存する国際レジームや制度は重複関係を持つことで互いに競合する傾向が一時的見られるが、気候変動問題の国際レジームの構築過程を分析した結果、重複する国際レジームや制度の間に相互補完関係が生成する可能性が示された。

注

197) Decision 1/CP.16, "The Cancun Agreements: Outcome of the work of the Ad Hoc Working Group on Long-term Cooperative Action under the Convention," FCCC/CP/2010/7/Add.1, UNFCCC, March 15, 2011.

198) Decision 1/CMP.18, "Outcome of the Work of the Ad Hoc Working Group on Further Commitments for Annex I Parties under the Kyoto Protocol: Amendment to the Kyoto Protocol Pursuant to its Article 3, Paragraph 9," FCCC/KP/CMP/2012/L.9, UNFCCC, December 8, 2012.

199) 柔軟性措置の運用細則と参加資格、すなわち京都メカニズムに参加する適格性問題とは、京都議定書の第二約束期間に参加しない国々がCDMなど柔軟性措置を利用する資格の有無に関する議論である。

200) 余剰AAUsの繰り越し問題とは、第一約束期間で余った各国の排出割当量が第二約束期間に繰り越されて利用（売買）できるか否かをめぐる議論である。

201）第二約束期間の長さをめぐって、2017年までの5年間にするか、それとも2020年までの8年間にするかという二つの選択肢が存在した。例えば、AOSISは附属書I国による排出削減目標の引き上げを望んでおり、現行の削減目標が2020年まで固定化しないように5年間の第二約束期間を主張している。

202）COP18におけるBASIC主催共同記者会見の傍聴記録によるもの、2012年12月6日。

203）同前掲。

204）同前掲。

205）同前掲。

206）"Planning of Work: Draft Conclusions Proposed by the Co-Chairs," FCCC/ADP/2012/L.4, UNFCCC, December 7, 2012.

207）原文は（第13段落）The ADP invited Parties and accredited observer organizations to submit to the secretariat, by 1 March 2013, information, views and proposals on matters related to the work of the ADP, including, inter alia, mitigation, adaptation, finance, technology development and transfer, capacity-building, and transparency of action and support, addressing aspects such as:

(a) Application of the principles of the Convention;

(b) Building on the experiences and lessons learned from other processes under the Convention and from other multilateral processes, as appropriate;

(c) The scope, structure and design of the 2015 agreement;

(d) Ways of defining and reflecting enhanced action.

"Planning of Work: Draft Conclusions Proposed by the Co-Chairs," FCCC/ADP/2012/L.4, UNFCCC, December 7, 2012; 田村堅太郎（2013）「ドーハを読み解く：ダーバン・プラットフォーム」『クライメート・エッジ』16号：<http://climate-edge.net/>.

208）例えば、COP17ダーバン会議においてEUと米国が主要経済国も強制的排出削減義務を負わなければならないと主張したことに対し、中国の交渉代表解振華氏は「このような要求は「本末転倒」である」とコメントした。「美国要求中国承担强制减排义务　中方称本末倒置」（米国が強制的排出削減目標への受け入れを中国に要求　中国は「本末転倒」とコメント）『新華通信社』2011年12月4日。

209）陳剛（2009）「气候变化与中国政治」（気候変動と中国政治）『二十一世紀』111号。

210）同前掲。

211）ドーハ・クライメイト・ゲートウェイは、2020年以降の気候変動に対処するための国際枠組構築への入り口という意味合いでこのように名付けられた。

212）COP18における国際交渉の政府担当者（アフリカ・グループ）に対する聞き取り調査による。

213）"Advancing the Durban Platform," FCCC/CP/2012/L.13, UNFCCC, December 8, 2012.

214）"Agreed Outcome Pursuant to the Bali Action Plan," FCCC/CP/2012/L.14/Rev.1, UNFCCC, December 8, 2012.

215）"Work Programme on Long-term Finance," FCCC/CP/2012/L.15, UNFCCC, December 8, 2012.

216）"Report of the Standing Committee on Finance," FCCC/CP/2012/L.16, UNFCCC, December

8, 2012.

217) "Report of the Green Climate Fund to the Conference of the Parties and Guidance to the Green Climate Fund," FCCC/CP/2012/L.17, UNFCCC, December 8, 2012.

218) "Approaches to Address Loss and Damage Associated with Climate Change Impacts in Developing Countries that Are Particularly Vulnerable to the Adverse Effects of Climate Change to Enhance Adaptive Capacity," FCCC/CP/2012/L.4/Rev.1, UNFCCC, December 8, 2012.

219) "Arrangements between the Conference of the Parties and the Green Climate Fund," FCCC/CP/2012/L.18, UNFCCC, December 8, 2012.

220) "Implications of the Implementation of Decisions 2/CMP.7 to 5/CMP.7 on the Previous Decisions on Methodological Issues Related to the Kyoto Protocol, Including those Relating to Articles 5, 7 and 8 of the Kyoto Protocol," FCCC/KP/CMP/2012/L.4/Rev.1, UNFCCC, December 8, 2012.

221) "Amendment to the Kyoto Protocol Pursuant to its Article 3, Paragraph 9," FCCC/KP/CMP/2012/L.9, UNFCCC, December 8, 2012.

222) "Arrangements to Make the Climate Technology Centre and Network Fully Operational," UNFCCC, December 8, 2012.

223) "Composition, Modalities and Procedures of the Team of Technical Experts under International Consultations and Analysis," FCCC/CP/2012/L.5, UNFCCC, December 7, 2012. 当決定では、非付属書I国による隔年更新報告書の作成に対して資金支援の提供や能力構築、また専門家による技術上の助言が必要とされ、技術に関する専門家への推薦を締約国と政府間機関に要請すると合意された。

224) 小林誠「小島嶼国・ツバルからみた『パリ協定』後の気候変動対応—緩和・適応・損失と損害」『アジ研ワールド・トレンド / 特集：「パリ協定」後の気候変動対応』246号、33頁。

225) 鄭方婷（2016）「『パリ協定』—気候変動交渉の転換点」『アジ研ワールド・トレンド / 特集：「パリ協定」後の気候変動対応』246号、4-7頁。

226) 鄭方婷（2015）「2015年『パリ合意』を目指す気候変動交渉—『すべての締約国』は、合意できるか ?」『アジ研ワールド・トレンド』234号、51-55頁。

227) "Adoption of the Paris Agreement," FCCC/CP/2015/L.9/Rev.1, UNFCCC,12 December 2015.

228) 鄭方婷（2013）『「京都議定書」後の環境外交』三重大学出版会。

229) 付属書I国に関しては、"Compilation of Economy-wide Emission Reduction Targets to be Implemented by Parties Included in Annex I to the Convention: Revised Note by the Secretariat," FCCC/SB/2011/INF.1/Rev.1, June 7, 2011, UNFCCC: <http://unfccc.int/resource/docs/2011/sb/eng/inf01r01.pdf> を参照。非附属書I国に関しては、"Compilation of Information on Nationally Appropriate Mitigation Actions to be Implemented by Parties not Included in Annex I to the Convention: Note by the Secretariat," FCCC/AWGLCA/2011/INF.1, March18, 2011, UNFCCC: <http://unfccc.int/resource/docs/2011/awglca14/eng/inf01.pdf> を参照。

230）“Bridging the Emission Gap,” the United Nations Environment Programme (UNEP), 2011; *World Energy Outlook 2011*, International Energy Agency (IEA), 2011.

231）Decision 1/CP.8 “Delhi Ministerial Declaration on Climate Change and Sustainable Development,” FCCC/CP/2002/7/Add.1, 28 March 2003, UNFCCC: <http://unfccc.int/resource/docs/cop8/07a01.pdf#page=3>.

232）京都議定書第三条十四項を参照。

233）COP16 及び COP17 の主催国であるメキシコと南アフリカは、気候変動に関する新たな基金の設立と確実な運用を国際交渉の成果として挙げた。

234）「締約国に及ぼす気候変動の悪影響又は対応措置の影響を最小化するために、どのような行動が必要であるかについて検討しなければならない。この検討の対象には、基金の設置、保険及び技術移転が含まれる」と京都議定書の第三条十四項に定められている。

235）Decision 4/CP.17 “Technology Executive Committee-Modalities and Procedures,” FCCC/CP/2011/9/Add.1, March 15, 2012, UNFCCC: <http://unfccc.int/resource/docs/2011/cop17/eng/09a01.pdf>.

# 第六章

# 米中協力関係の形成と国際合意

## はじめに

第三章から第五章では、MEMやMEF、G8、APECなど重複する多国間協議がコペンハーゲン会議を経てUNFCCCと競合することから補完的な関係になった経緯を分析した。本章では、米中二国間の戦略的協力関係の転換が、国連交渉と重複しながらポスト京都議定書枠組の構築に及ぼした影響を分析する。特に、両国の間で信頼関係が醸成され、争点などについて共通の認識が形成され、両国間の利害調整が実現したというそれぞれの理由について見ていく。まず、米中二国間協力の事例を通じて、説明要因である「多角化した対処手法の共有」と「主要大国による決定的役割の発揮」が米中両国による行動に見られたことについて考察する。次いで、米中間の協力関係の内容と発展状況を明示し、両国がそれぞれ自国の目的を満たすために、国際交渉における行動と立場を変化させ、UNFCCCに補完し、多国間協議の合意形成に大きな影響を及ぼしたことについて分析する。

## 一．気候変動問題への対処における米中関係の転換

### (一) 多国間協議の実施及び国連決定の採択

米中両国は、世界最大級の温室効果ガス排出国であるにもかかわらず、排出量の削減を拒んできた[236]。米国は、自国経済や雇用への影響と、中国やイン

ドなど経済新興国の実質的不参加を理由に、2001 年 3 月に京都議定書から離脱した。一方、中国は、国内経済発展の権利を主張しながら、米国をはじめとする工業先進国に対して対処責任を求め、自国に課される如何なる排出削減義務をも極力排除しようとした。その結果として、米中間の相互批判と強い不信感は国連交渉の進展に負の影響を及ぼし、交渉の行き詰まりと議事の混乱をもたらした。

しかしながら近年、米中は両国ともその立場を変化させてきた。京都議定書から離脱した米国は、その後、国連交渉で経済新興国と駆け引きを行う一方で、国連を介さない協議体制の構築を目指すなど、積極的な方針に転換した。また中国は、温室効果ガス排出の国内自主的削減目標を公表し、将来の法的枠組への参加を受け入れるなど、国際的により大胆で、より自主的な行動を見せるようになった。資金、技術移転、能力構築に対する両国の思惑は異なっているものの、両国は比較的積極的な姿勢を強めるようになってきた。

コペンハーゲン会議の開催を契機に、米中間では気候変動とその関連問題への対処をめぐって、戦略的に解決する手法を受け入れるようになった。両国は閣僚級またはそれ以上のレベルで協議と対話を繰り返しただけでなく、実務的事業や計画の設立・実行も数多く行ってきた。気候変動をめぐる米中間協力関係の発展は、二国間の強い不信感と国際交渉での対立を緩和し、問題への対処における長期的かつ戦略的な解決策を見いだすこととなった。近年、気候変動問題への対処において米中間の対立が一定程度緩和され、主要経済国による MEF 首脳宣言の発表やコペンハーゲン合意、カンクン合意やダーバン合意など、国連決定の採択がなされた。特に、摂氏 2 度目標（産業革命前を基準として、世界全体の気温上昇を摂氏 2 度以内に抑えること）の受け入れ、国別の自主的排出削減目標の設定、MRV 制度の立ち上げ、資金と技術移転メカニズムの発足など、重要な原則とルール作りが定められたことが挙げられる（第三章で既述）。また、国際レジームや制度の構築と発展においては、国連の正式決定を含む多国間交渉の具体的進展に寄与した一因として、米中二国間協力関係の改善が挙げられる。

## （二）環境・エネルギー安全保障の重視

2001年、米国は1997年に署名した京都議定書からの離脱を宣言した。この事例についてヴェジルジアンニドォ（Sevasti-Eleni Vezirgiannidou）は、米国が中国に対する相対的利益の損失を懸念したからであると主張した[237]。また気候変動への対処が米国にもたらす利得の損失は、国家安全保障上の問題であるとの認識から、同氏は国際環境政治においても「相対的利益」（relative gains / interests）を議論すべきだと主張した[238]。ヴェジルジアンニドォは、米国の京都議定書批准問題について、公共財の視点から環境問題と貿易問題との相違を指摘し、米国が相対的利益を重視したうえで離脱行動を起こしたと、この事例を説明した[239]。米中関係が不調和な状況で、京都議定書では中国に対する排出削減義務が課されておらず、米国は中国に蓄積された相対的利益が軍事用途に移転されうると見なしたと論じた。また、米国が気候変動への対処のために支払う費用は経済成長を妨げるとの見方から、中国との関係において自国の経済発展と安全保障を保つため、議定書を実行せずにいたと見られると論じた[240]。

しかし、ポスト京都議定書の枠組構築をめぐる米中関係について、相対的利益に基づく上記の観点を用いて分析することが十分かつ適切なのかという疑問が残る。気候変動問題では、長期性や「ヒステリシス性」[241]などの影響で、対処費用の投入と将来的利益の確保との間に一定のずれがあることから、絶対的利得を即座に獲得することは難しいが、国益の損得は必ずしも固定化するわけではない。よって、対処手段の実施に伴って相対的利益が短期的に低下しても、長期にわたる絶対的利益を確保できるのであれば、国際協力は不可能ではない。例えば、温室効果ガスの排出削減は、クリーン・エネルギーの利用やエネルギー利用効率の向上などによって実現可能であり、化石燃料への依存度を低減させることが自国の長期的環境やエネルギー安全保障体制の強化につながると期待される。気候変動問題は国家の環境エネルギー安全保障上重要な意味を持つことから、気候変動問題を国家安全保障とのみ関連づけるヴェジルジアンニドォの観点は見直す必要がある。

本章では、気候変動問題での米中二国間協力関係の発展を通じ、環境やエネルギーの安全保障といった絶対的利益を重要視する両国の行動について考察する。気候変動対策をめぐって米中両国は、近年、環境やエネルギー安全保障をテーマに二国間協議・対話を頻繁に行い、協力関係を構築するようになってきている。特に、雇用など国内経済問題に直結する環境やエネルギー分野においては足並みが揃い始めており、二国間だけでなく多国間的なアプローチも通して協力関係を深める傾向が見られる。少なくとも米中両国の間では、気候変動への対処や環境保全を目的として、エネルギー関連分野をめぐる二国間協力が重要視されるようになってきている。以下ではまず、気候変動問題への対処に関する両国の政府公式見解と国内政策の主な内容をまとめ、政策の特徴と傾向を分析する。

## 二．気候変動問題への対処に関する両国の国内政策

### (一) 気候変動の深刻化に対する両国政府の公式見解

#### 1．米国政府の公式見解

科学的証拠の不足を理由に、気候変動問題に対し懐疑的な立場を崩さなかったブッシュ政権は、2007年1月23日、一般教書演説で初めて地球温暖化は「深刻な挑戦」(serious challenge of global climate change)であると認めた[242]。2008年6月には米国国家情報会議（National Intelligence Council、略称NIC）が、気候変動の国家安全保障への影響を精査した「2030年までの国家安全保障に対する気候変動の影響」と題する報告を作成し、米国議会に提出した。この報告書の中で、今後20年で気候変動が米国にもたらす影響は間接的かつ広汎であり、気候変動が他国に及ぼす悪影響が、ひいては米国の国家安全保障に影響を及ぼすことが指摘されている[243]。

その後、2009年に発足した民主党オバマ政権は、気候変動と国家の安全保障との関係について「気候変動は喫緊の課題であり、国家安全保障上の課題でもあるから、深刻に受け止めなければならない」[244]と表明した。また2010年5

月にホワイトハウスが発表した「国家安全保障戦略」のなかで、オバマ大統領は、気候変動を米国の国家安全保障及びグローバルな安全保障に対する新たな挑戦と捉え、既存の国際制度の欠点が原因で、十分対処できていない状態にあると指摘している。これに関連して、「暴力的過激主義との闘い、核兵器拡散の阻止と核物質の安全利用、バランスのとれた持続可能な経済成長の実現、気候変動、武力紛争、伝染病の流行などの脅威に対する協力的解決案の遂行など、普遍的な利益を提供できるよう国際機関の強化や一致団結した行動を進める米国の取り組みに主眼を置く必要がある」[245]との記述も見られる。

また同年、米国国防省が発表した「4 年ごとの国防計画見直し報告（The Quadrennial Defense Review、略称 QDR）」には、「気候変動・エネルギーへの取り組み」が初めて盛り込まれ、気候変動問題は「将来の安全保障環境を規定する重要課題」と位置づけられている[246]。さらに、同年 12 月に、米国国務省は「4 年ごとの外交・開発見直し報告（The Quadrennial Diplomatic and Development Review、略称 QDDR）」を初めて発表し、「気候変動が新たな挑戦の一つであり、新たなアクターが、良くも悪くも国際情勢を形作るパワーを持っているために、様々な新たな挑戦はこれまでの課題よりもさらに複雑である」との見解を示した[247]。

このように、米国では気候変動の進行に対して、これまでの、科学的証拠が不十分であるとの懐疑的な立場を改め、自国への悪影響を認めるようになった。特にオバマ政権発足以降、気候変動の深刻化を「安全保障上の挑戦または脅威」と見なし、公式文書において気候変動に対処する必要性と重要性を唱えてきた[248]。これを背景に、米国の立場が次第に変化し、とりわけ中国との関係改善にも関心を寄せるようになってきた。

### 2. 中国政府の公式見解

京都議定書発効後、気候変動や環境問題の問題意識と対策について、中国政府はいくつかの重要な公式文書を発表し、気候変動問題の発生と深刻化、中国に与える影響、政府の取り組みと姿勢、先進国の責任と国際規制のあり方などについて述べた。それまで中国は、自国の発展を阻害するとの懸念から、気候変動問題の緩和と国際交渉に対して消極的な立場をとっていたにもかかわらずである[249)]。

これらの文書の中で、中国政府は一方で気候変動問題を自国の自然環境、農業、資源保護と利用への脅威と見なし、避けなければならない課題であると認めた。しかし他方では、気候変動への政策対応が自国の経済・社会発展計画に悪影響をもたらしかねないという強い懸念を抱いていた。「気候変動に対する中国の国家対策」に基づき、中国政府は、気候変動問題が自国の「現在の（経済・社会：筆者）発展様式」、「石炭を主とするエネルギー構造」、「エネルギー技術の自主開発」、「森林資源の保護と利用」、「農業の気候適応」、「水資源の保護と開発」、「海面上昇による災害への対応能力」などに対する「重大な挑戦」であると位置づけた[250)]。

中国はこれまで、気候変動を自国の発展と開発の問題として位置づけてきた[251)]。また、それに対応する責任はすべて先進工業国側にあると主張し、自国の経済発展を最優先にする権利を求めてきた[252)]。しかし、経済成長優先主義を押し進めた結果、国内の環境悪化とそれによる経済的、社会的コストが肥大化し、適切な取り組みが求められるようになってきた。とはいえ、国内の政治情勢の安定に対する懸念も抱いており、気候変動への適切な対処と高度な経済成長とを同時に達成しなければならない難題に直面している。

過去の国際交渉での中国の立場は消極的であったが、世界の大気システムの変化が中国国内での観測の結果と一致したことから、中国は2007年6月に「中国気候変動対応国家方案」（中国应对气候变化国家方案）を発表し、気候変動の深刻化が既存の発展様式へ与える悪影響を認めるとともに、問題に積極的に取り組もうとする姿勢を見せ始めた[253)]。

## （二）国別政策の主な内容

### 1．米国の国内政策

オバマ政権発足後の米国は、気候変動への対処が自国、そしてグローバルな安全保障上の挑戦であるとの認識に基づき、米国の主導的な役割を強調してきた。2010年の「国家安全保障戦略」(The National Security Strategy)では、オバマ大統領が「過去に、多くの難題と国際基準の策定を時として妨害する政治意志の欠如に対応するため、数ある国際組織が構築された。我々はこれらの組織について、その強みと弱点をよく見極める必要がある。もし我が国がその欠点と新たな難問の出現を理由として利用し、国際システムから距離を置くならば、我が国及び全世界の安全保障にとって破壊的な事態になりうる。代わりに、我々は国際組織の強化に積極的に関与し、公共利益を提供可能な集団的行動を組織することに的を絞って取り組まなくてはならない。公共利益とは、例えば暴力的な過激主義との対決、核兵器の拡散防止と核物質の保全、バランスよく持続可能な経済成長、気候変動、武力紛争、感染症の大流行などの脅威に対し、協力的な解決策を案出することなどである」[254]と述べ、気候変動への対処を含む様々な課題に取り組む必要性を訴えた。

2009年6月26日、米国では気候変動に関連する「米国クリーン・エネルギーおよびエネルギー安全保障法案」(American Clean Energy and Security Act, H.R.2454)が、下院において賛成219票対反対212票の僅差で可決された。この法案の内容は、主に「クリーン・エネルギー」、「エネルギーの効率化」、「地球温暖化対策」と「クリーン・エネルギー経済への移行」によって構成されている。注目すべき点は、キャップ・アンド・トレード制度(cap and trade)の導入を前提とし、温室効果ガスを2005年水準比で2020年までに17%削減する目標の設定と、2020年までに全米総発電量の20%を再生可能エネルギーにより供給するという目標を掲げていることである。この法案は最終的には成立しなかったものの、気候変動及び環境・エネルギー分野における、近年、米国連邦政府が示した最も重要な行動の一つで、オバマ政権が国内法的担保を確保しながら、2009年開催のコペンハーゲン会議を控え交渉主導権の回復を狙ったものである。

上記法案の主な内容としては、(1) クリーン・エネルギー開発の促進、再生可能エネルギー及びCCS設備の普及、従来型エネルギーの利用効率向上、(2)

建築物、照明、及び電化製品効率化プログラムの推進、(3) 運輸部門、産業部門のエネルギー効率化に対する支援の強化、(4) 地球温暖化対処のための温室効果ガス排出量規制とキャップ・アンド・トレード方式による温室効果ガス国内排出権取引システムの確立、(5) クリーン・エネルギー経済への移行と低・中所得層が受けるマイナス影響に対する支援、の五つが挙げられる[255]。特に、温室効果ガス排出量規制の目標値は、2005 年の排出水準から 2012 年までに 3%、2020 年までに 17%、2030 年までに 42%、2050 年までに 83% 削減することが提示された。これらの数値目標について、中国を含む多くの途上国は、京都議定書で定めた 1990 年水準比では 2020 年までに僅か 4% しか削減されないことから、約束が不十分であると非難を繰り返した。ただし、この法案は米議会上院での成立が困難と判断され、カンクン会議を控えた 2010 年 11 月までに、米国の環境保護派議員らが上下院で十数件の関連折衷法案を審議した。

それらの法案のうち「クリーン・エネルギー雇用及び米国電力法案」(Clean Energy Jobs and American Power Act S.1733) と「米国電力法案」(The American Power Act) は、気候変動対策とクリーン・エネルギー促進に関する総合的法案であり、民主党政権の対策基本方針を反映した形での修正案である。しかし、クリーン・エネルギー雇用及び米国電力法案の審議は 2010 年 2 月以降、実質的に止まっている。また、気候変動とエネルギー関連の対策と目標を多く盛り込み、上記法案を改めて上院で審議させることを狙った米国電力法案は、2010 年 5 月に議会に提出されたが、可決されなかった。この原因として、共和党との対立及び関連利益団体の圧力等が考えられる[256]。

オバマ政権はまた、国内の経済、失業問題を解決しながら気候変動、環境そしてエネルギー安全保障問題に対応するために、2009 年 7 月 21 日に新たな経済振興策、いわゆる「グリーン・ニューディール」(A Green New Deal) を発表した。この主な内容としては、再生可能エネルギーに対する 10 年間にわたって 1,500 億ドルの投資、グリーン産業の発展による 500 万人の雇用の創出、そして公共施設の省エネ化に伴う 250 万人の雇用創出などが含まれている。このグリーン・ニューディールは、気候変動に対応するにあたり経済の継続的な成長を必須条件としており、クリーンなエネルギー源の開発及び普及による新たな経済成長と雇用機会の創出を強く求めている。また、技術革新で新たなエネルギー源を確保することによって低炭素社会の構築を目指すとともに、自国のエネルギー安全保障の確保が強調されている。

## 2. 中国の国内政策

中国は2009年11月26日に、COP15コペンハーゲン会議の開催を控え、気候変動に対処するためのターゲットとして主に以下の3点を正式発表した[257]。それは、(1) 2020年までに単位GDP当たりの二酸化炭素排出量を2005年比で40%から45%削減し、中長期にわたって拘束的目標として5カ年計画のなかで取り組むこと、(2) 再生可能エネルギー利用総量が一次エネルギーに占める割合を2020年までに15%まで引き上げること、(3) 森林面積を2005年比で4,000万ヘクタール増やし、また森林蓄積量[258]を2005年比で13億立方メートル増加すること、である。これらの削減目標は中国の自主的行動であり、国際法による拘束力はない。

また、5カ年計画の中にも中国の気候変動への対応策が盛り込まれている。中国は国内の経済発展情勢に鑑み、第11次5カ年計画（2006年から2010年）では資源環境分野において、特に単位GDP当たりのエネルギー消費効率の向上を重視した。これに関する概念は、中国政府が積極的に進める省エネ・排出削減（节能减排）というスローガンに表われており、重点施策に組み込まれた。具体的には、上記エネルギー消費量を20%削減し、再生可能エネルギーの利用総量が一次エネルギーに占める割合を10%程度まで引き上げることなどである[259]。

カンクン合意採択後の2011年3月14日に開かれた全国人民代表大会は、2011年から2015年を計画期間として「国民経済と社会発展第12次5カ年規画綱要」、いわゆる「第12次5カ年計画」を決定した。この中で、気候変動及び省エネ分野について、独立した章（第二十一章「地球気候変動への積極対応」）が立てられ、上記第11次5カ年計画より多くの拘束的目標を追加し、環境問題を自国の持続可能な開発に関わる課題として、中央政府が取り組む意思を表明した[260]。具体的には、エネルギー消費量と$CO_2$排出量を多様な手段によって大幅に低減させ、GHGs排出を有効に抑制すること、また植林・造林を推進し、1,250万ヘクタールの森林面積を増やすことなどが挙げられる。また、「気候変動適応の能力の増強」、「国際協力の広範な展開」、「資源の節約と管理・循環経済の強力な発展」、「環境保護の強化」、「農村環境の総合整備」を掲げ、気候変動対策を国内環境と資源の保護・管理に関連させて論じた[261]。

これまでの国際交渉では、米国が強制的排出削減目標を国際的に約束しなかった影響で、グローバル規模での法的排出削減目標の設定よりも、各国による国内的緩和のための行動がより強調されていた[262]。コペンハーゲン会議の開催を控え、中国は国内の緩和行動と自主的排出強度の削減目標を設定し、国内の持続可能な経済開発を促進しつつ気候変動への積極的対応を強調する姿勢に転じた。中国国内においても、持続可能な経済発展と環境・エネルギー保護に取り組み、より戦略的、実務的に行動し、自国のポジションをさらに強化する必要があるとして議論されている[263]。米中両国の国内行動と政策決定は、2009年に開かれたMEF第1回会合と並行してなされ、コペンハーゲン会議以降における国際交渉の発展と国連決定の内容に大きく影響を与えてきた。これについて、米中二国間戦略的協力関係の構築と併せて以下で分析する。

## 三．米中二国間戦略的協力関係の構築

### （一）コペンハーゲン会議に向けて

第三章で述べたように、COP13バリ会議では気候変動への対処をめぐる米中間の対立が表面化した。また、ポスト京都議定書枠組について、米国と途上国間、特に中国を含む新興国との対立が激しくなった。2013年以降の枠組の在り方については、バリ会議からコペンハーゲン会議までの交渉は遅々として進まず、コペンハーゲン合意自体も少数国間による妥協であると一部の締約国に思われていた。また、カンクン合意採択後の国連交渉でも、新たな枠組の構築について、主要国の立場には依然として隔たりがあったとされる。

しかし一方で、米中の二国間協力関係に全く進展がなかったわけではない。例えば、米中両国は、コペンハーゲン会議を控えて双方の交渉上の立場をすり合せるため、気候変動に関する一連の二国間文書を作成し、具体的な協力事項、特にエネルギー関連項目について二国間で協議を進めた。また、気候変動に関する近年の二国間関係を見れば、米中の気候変動問題への対処は、戦略的な協力関係の構築とエネルギー安全保障問題に緊密に関連付けられていることが分かる。

2008年6月、ブッシュ政権の下で「米中戦略経済対話」（SED 4）が開催され、「エネルギー・環境協力のための米中10カ年計画」（U.S.-China Ten-Year Framework for Cooperation on Energy and Environment、略称TYF）が署名された（【表6-1】を参照）。TYFは、米中が大気、水、輸送、湿地、自然保護区域、電気、エネルギー効率化といった分野でプロジェクトを通じて協力するというものである。その後、オバマ政権期にTYFを実現するため「エコ・パートナーシップ」（Eco-Partnerships）を設立し、「第2回米中戦略・経済対話」（S&ED 2）では、同パートナーシップを拡大する意欲が示された（米中協力に関する詳細は、【表6-1】を参照）。

さらに、2009年12月の国連交渉（コペンハーゲン会議）を控えた同年7月、オバマ政権は中国とのTYF強化のため、「気候変動、エネルギーと環境協力の強化に関する米中覚書」（U.S.-China Memorandum of Understanding to Enhance Cooperation on Climate Change, Energy and the Environment）を発表した。同覚書で、米中はともに以下の内容で気候変動政策対話と協力体制を構築することに同意した。それは、（1）国内気候変動戦略と政策に関する討論と交流、（2）低炭素社会に向けての実務的解決策、（3）国際気候変動交渉の成功、（4）気候に配慮した（climate-friendly）技術の共同研究及び開発、実用と、双方の同意に基づく移転、（5）具体的項目での協力、（6）気候変動への適応、（7）能力構築と大衆意識の向上、（8）米中都市、大学と省、州間気候変動に関する実務的協力、の八つである。

その後の2009年11月17日に、オバマ大統領の公式訪中を受けて署名された米中共同声明では、気候変動政策をめぐって米中関係にいくつかの進展が見られた。米国は、2007 年 12 月のバリ会議では共通だが差異ある責任の原則を再定義するなど異議を唱えていたのであるが、米中共同声明において当原則を正式に受け入れた。また、気候変動交渉において排出削減を約束すると表明した。その代わり中国に対し、気候変動への適応と緩和に関する資金援助と技術移転において、平等、互恵的条件のもとに協力を推進するよう求めた。

また同時に両国は、同年 7 月の覚書に基づいて、米中間気候変動、エネルギーと環境協力の強化に関する覚書を正式に締結した。具体的な内容としては、TYF の重要性を認識し、その下で新たなエネルギー効率改善行動計画を策定したことなどが挙げられる。さらに米中は、「米中クリーン・エネルギー共同研究センターに関する中国科学技術部、国家エネルギー局と米エネルギー省協力議定書」[264] 及び「気候変動への対応における能力構築の協力に関する中国国家発展改革委員会と米環境保護庁間覚書」[265] に署名した（【図 6-1】を参照）。

この米中クリーン・エネルギー共同研究センターにおいては、5 年間にわたって両国それぞれが 1.5 億米ドル以上を出資し、双方の研究者と技術者に利

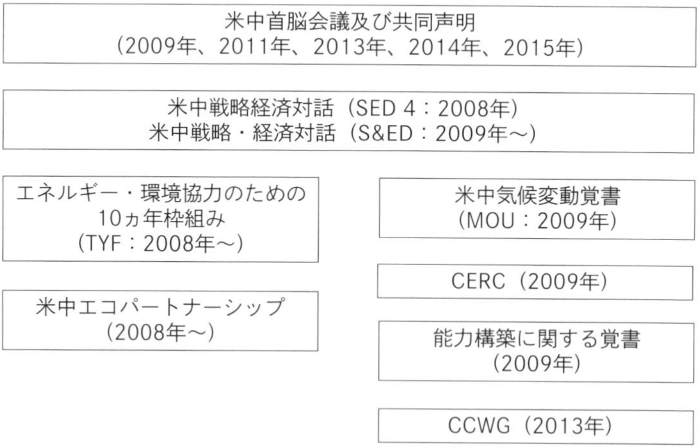

米中首脳会議及び共同声明
（2009年、2011年、2013年、2014年、2015年）

米中戦略経済対話（SED 4：2008年）
米中戦略・経済対話（S&ED：2009年～）

エネルギー・環境協力のための
10ヵ年枠組み
（TYF：2008年～）

米中エコパートナーシップ
（2008年～）

米中気候変動覚書
（MOU：2009年）

CERC（2009年）

能力構築に関する覚書
（2009年）

CCWG（2013年）

出典：筆者作成。

【図 6-1】米中戦略・経済対話におけるエネルギーと気候変動協力

便性と交流の機会を提供するとともに、建築物のエネルギー効率、クリーン・エネルギー（CCSを含む）、クリーン自動車、クリーンコール技術といった研究課題を優先的に取り上げた。また、電気自動車の標準化に関する「米中電気自動車イニシアティブ」の二国間協議が開始された。この協議には、自動車検査と規格の標準化、十数箇所の都市における実験的プロジェクト及び充電用プラグの標準化が含まれる。また、CCSに関する協力項目を大規模に導入し、技術開発、利用、普及と移転に向け迅速に行動するよう指示が出された。

また、気候変動への対応における能力構築協力に関する覚書では、「米中再生可能エネルギー・パートナーシップ」が立ち上げられ、両国政府と企業間の協力関係の構築を促進しようとした。このパートナーシップは、エネルギー安全保障と気候変動への対応を強化するために、企業間が持つ技術と競争力を通じてクリーン・エネルギーの応用を加速させるものである。

【表6-1】米中間での気候変動に関する協議と協定

| 年月日 | 協定名 | 気候変動関連内容（要点のみ） | 協議のレベル |
|---|---|---|---|
| 2008年<br>6月18日 | エネルギー・環境協力のための米中10カ年計画（TYF）及びTYFにおけるエコ・パートナーシップ計画枠組<br>（米中戦略経済対話、SED 4） | ・TYFにおいて、第1段階の五つの協力目標を設定<br>・電力系統と物流面の省エネ、能率向上<br>・交通運輸分野の能率向上、排出削減<br>・水汚染への対処<br>・大気汚染への対処<br>・森林と湿地の保護 | 副総理級 |
| 2009年<br>7月28日 | 気候変動、エネルギーと米中の環境協力の強化に関する覚書<br>（第1回米中戦略・経済対話、S&ED 1。同年11月に正式に締結） | ・省エネ及びエネルギー効率の向上、再生可能エネルギー、クリーン石炭及び$CO_2$回収・貯留、電気自動車など持続可能な交通システムをはじめ10の分野で協力関係の構築を目指す<br>・エコ・パートナーシップ計画の強化を約束<br>・気候変動に対処するため米中間問題を抽出し、対話のプラットフォームとして、気候変動政策対話と協力体制の構築を目指す | 閣僚級 |

| | | | |
|---|---|---|---|
| | | ・米中ともに国連気候変動枠組を全面的に、有効かつ持続的に実施 | |
| 2009年<br>11月17日 | 米中共同声明<br>(オバマ大統領訪中) | ・両国は自国の事情に沿って緩和行動を取ることに同意、両国が気候変動への世界の対処能力、持続可能な成果を促進、強化する重要な役割を認識<br>・コペンハーゲン会議の成功。先進国の削減目標と途上国国内の適切な削減行動に基づき最終的な法的協議を達成<br>・米中クリーン・エネルギー研究センターの設立<br>・米中電気自動車イニシアティブの設立<br>・新規の米中・省エネアクションプランの立ち上げ<br>・米中再生可能エネルギー米中パートナーシップを新規に発足<br>・大規模な炭素回収・貯留(CCS)実証プロジェクト等、クリーン石炭の利用協力を展開<br>・米中シェールガス資源イニシアティブを新たに発足<br>・米中エネルギー協力プログラムの設置 | 首脳級 |
| 2009年<br>11月17日 | 米中クリーン・エネルギー共同研究センターに関する中国科学技術部、国家エネルギー局と米エネルギー省協力議定書 | ・両国がそれぞれ少なくとも1.5億米ドル、およそ全体の半分を出資<br>・建築物のエネルギー効率、クリーン・エネルギー(CCSを含む)、クリーン自動車といった研究課題を優先<br>・米中電気自動車イニシアティブをめぐる協議の開始を支持<br>・CCSに関する協力項目を大規模に導入 | 閣僚級 |
| 2009年<br>11月17日 | 気候変動への対応における能力構築協力に関する中国国家発展改革委員会と米環境保護庁間覚書 | ・米中再生可能エネルギー・パートナーシップ成立。政府と企業間の協力関係を発展させる<br>・民間、企業が持つ資源と技術を利用し、クリーン・エネルギー技術の利用普及をさらに促進<br>・米中エネルギー政策対話と米中石油と天然ガス産業フォーラムの継続を支持 | 閣僚級 |

| | | | |
|---|---|---|---|
| 2010年<br>5月26日 | エコ・パートナーシップ実施計画<br>(第2回米中戦略・経済対話、S&ED 2) | ・米中両国のエネルギー安全保障と経済、環境の持続可能な開発の新たな形態を探るため、以下の分野で協力<br>・エネルギー環境保護技術の開発、実用化と普及<br>・産業及び個人の能率向上、新エネルギーと再生可能なエネルギー、クリーン交通システムの開発、森林と湿地生態システムの保護、持続可能な開発能力の向上を促進する奨励メカニズムなど | 閣僚級 |
| 2011年<br>1月19日 | 米中共同声明<br>(胡錦濤国家主席訪米) | ・両国のエネルギー安全保障を実現するため、気候変動に対する行動を引き続き協議することに同意<br>・米中クリーン・エネルギー研究センター、米中再生可能エネルギー・パートナーシップ、米中エネルギー安全保障協力共同声明などクリーン・エネルギーとエネルギー安全保障における協力の成果を積極的に評価<br>・TYFの成果を積極的に評価<br>・カンクン合意を歓迎かつ実行し、経済社会の発展を促進するとともに気候変動への対応に努力し、国連枠組の全面、有効、持続的実行を支持する。また、COP17ダーバン会議の運営を支援 | 首脳級 |
| 2011年<br>5月10日 | TYF及びエコ・パートナーシップ実施計画<br>(第3回米中戦略・経済対話、S&ED 3) | TYF及びエコ・パートナーシップ実施計画の下、新規に六つのエコ・パートナーシップを締結 | 閣僚級 |
| 2013年<br>4月13日 | 気候変動に関する米中共同声明 | S&EDにおける気候変動問題の作業部会(CCWG)の設置、気候変動問題への対処をめぐる二国間協力の強化を目指す | 閣僚級 |
| 2013年<br>6月8日 | 米中共同声明<br>(習近平国家主席訪米) | モントリオール議定書に基づき、地球温暖化係数※が二酸化炭素の数百倍～数万倍に上るハイドロフルオロカーボン(HFCs：代替フロン※)類ガス製造・使用の削減に協力すると発表 | 首脳級 |

| 2013年<br>7月10日 | 第5回米中戦略・経済対話(S&ED 5) | 地球温暖化対策の行動計画を同年10月までにまとめることで合意。また、米中戦略・経済対話の下に、気候変動問題を専門的に話し合う作業部会を設け、GHGs排出の削減技術の共同開発など五つの分野で協力を推進 | 副総理級 |
|---|---|---|---|
| 2014年<br>7月 | 第6回米中戦略・経済対話(S&ED 6) | ・八つのエコ・パートナーシップを新たに追加<br>・民間セクターに関するCCWG特別イベントを開催；交渉代表間における政策対話を実施 | 閣僚級 |
| 2014年<br>11月 | 気候変動とクリーン・エネルギーに関する米中共同声明(北京APEC首脳会議) | ・米国：2025年までに温室効果ガスの排出を2005年に比べて26～28%を削減<br>・中国：2030年頃に二酸化炭素の排出を頭打ちにさせる | 首脳級 |
| 2015年<br>9月 | 米中共同声明<br>(習近平国家主席訪米) | 中国における全国二酸化炭素排出権取引制度の開始を表明 | 首脳級 |
| 2015年<br>11月 | 米中首脳会談<br>(COP 21パリ会議) | 会議の開幕を受け、両国が二大排出国としての指導力(リーダーシップ)を発揮し、会議を成功させる必要性を強調 | 首脳級 |
| 2016年<br>3月 | 米中共同声明<br>(習近平国家主席訪米) | 米中両国がパリ協定に関して、それぞれの国内での早期締結・批准を目指し、協定の早期発効を図ると表明 | 首脳級 |

出典：筆者作成。参考：張海浜（2010）『气候变化与中国国家安全』（気候変動と中国の国家安全）北京：時事出版社、237-239頁。

※ 地球温暖化係数とは、温室効果ガスが地球温暖化をもたらす効果の程度を、二酸化炭素の当該効果に対する比で表したものである。出典：環境省。

※ 代替フロンはオゾン層を破壊しないために開発されたが、強力な温室効果を持つために、「スーパー温室効果ガス」とも言われる。

## （二）コペンハーゲン会議以降

2009年12月のコペンハーゲン会議以降、米中間では「米中戦略・経済対話」(US-China Strategic and Economic Dialogue、略称S&ED)を2回実施したことに加えて、中国の胡錦濤国家主席が訪米した。2010年5月のS&ED 2を受けて、米中はTYFに基づいたアクション・プランを公表し、「エコ・パートナーシップ実施計画に関する覚書」に調印した。また、第1回米中エネルギー効率化フォーラム、クリーン・エネルギー研究センター作業部会の開催、電気自動車フォーラムの開催、米中エネルギー政策対話の開催、米中石油ガス産業フォーラムの開催、米中再生エネルギー・パートナーシップの運営開始と第1回米中再生エネルギーフォーラムの開催について、二国間で合意した。米中両国は、エネルギーの効率化と技術協力を双方に共通する利益として見なしており、技術に関する基準と規制を二国間で共有しようとしている。

オバマ政権の下で発展してきた米中間S&EDでは、戦略全体の中で環境保全とエネルギー分野の比重が非常に大きいことがうかがえる。例えば、米国のクリントン国務長官は、2010年10月30日の第5回EASへの参加を控えて、気候変動問題に関する米中間の協力関係について言及した。クリントン長官は、中国との問題について「気候変動について両国は目に見える戦略を作り上げる責任を共有している」と述べ、国際合意における両国間共通の戦略的利益を強調した[266)]。米国は技術の基準と規制を中国と統合することによって、自国の権益を拡大しようという狙いがあると見られている[267)]。

カンクン合意採択後の2011年1月には米中首脳会談が再び行われ、米中共同声明で気候変動問題が取り上げられた。米中両国は、これまでの協力制度と手段を評価し、米中クリーン・エネルギー研究センター、米中再生可能エネルギー・パートナーシップ、米中エネルギー安全保障協力共同声明、エネルギー・環境協力のための米中十カ年計画と、国連COP16で採択されたカンクン合意を含むこれまでの成果を支持し、国連での交渉を継続させようとした[268)]。2011年5月には「第3回米中戦略・経済対話」(S&ED 3)が開催され、気候変動、環境保全及びエネルギー安全保障が焦点の一つとなった。米中両国は、TYF及びエコ・パートナーシップ実施計画の下、六つの新規エコ・パートナーシップを締結した[269)]。

S&ED 3においては、気候変動、エネルギー及び環境に関して、具体的な成果としていくつかの目標が共有された。特に、気候変動への対応における能力構築協力に関する覚書に基づき、中国のGHGs排出量をより正確に把握する能力構築を強化することが重要な目標として設定された。米中両国は、米国立海洋大気庁と中国気象局が米中科学技術協定の下、大気中の温室効果ガスの動向を観察、及び理解するための正確かつ信頼性の高い能力を開発するための共同研究を強化した。もう一つの目標は、電力事業とエネルギーに関連する協力事項である。電力事業については、電力管理システム、電力プロジェクト政策決定を含めた電力関連事業において協力することで一致した。また、エネルギーの関連協力事項に関しては、大規模風力発電プロジェクトの計画と実施、送電網間の連結、更にシェールガス資源に関する米中協力の継続などが含まれている。その他、非穀物原料由来の第二世代バイオ燃料に関する共同プロジェクトと研究を最優先に支援することも、エネルギー関連の二国間協力項目に含まれている[270)]。S&ED4 において、米国と中国は協力をさらに強化するため、産業用ボイラーや森林など、新たな八つのエコ・パートナーシップを採択した。また両国は、パリでの COP21 において、国際合意の達成に向け協働することで合意した。

2013 年 4 月 13 日に「気候変動に関する米中共同声明」(Joint U.S.-China Statement on Climate Change、以下「声明」と称す) が、米国国務省と中国外交部によって発表された。この「声明」では、「米中両国がここ数年において UNFCCC と MEF を含む多国間と二国間のチャンネルを通して建設的な議論に従事し、気候変動問題の深刻化と国際努力の欠如が理由で気候変動のための緊急のイニシアティブが必要であると認識する」ことが記された。両国は、気候変動による挑戦の優先度と重要性を高めるために、S&ED の下で「気候変動問題の作業部会」(Climate Change Working Group、略称 CCWG) を設置し、二国間協力に関する作業の推進の成果を S&ED で報告するとした。特に、「気候変動のための行動と協力の強化は米中両国にもたらされる重要なかつ互恵的な利益」であるとし、「多国間交渉と気候変動のための具体的な行動を推進する上で協力することは二国間関係の一つの柱としての役割を果たし、相互信頼と尊重を増進し、より強くかつ全面的な協力のための道を開いてくれる」ことを再確認した[271)]。

「声明」で明らかにされたように、米中両国はこれまで二国間協力を進めるとともに、MEF や国連においても二国間協議を実施した。このように、気候変動問題をめぐる米中間協力は、二国間関係の向上を一つの目的とする傾向が読み取れ、コペンハーゲン会議以来継続的に強化されてきたと言えるだろう。

その後、2013 年 3 月、中国国家主席に就任した習近平氏は同年 6 月に訪米し、二期目を務めるオバマ大統領と会談を行った。その際、気候変動問題への対処について、米中は今後「モントリオール議定書」に基づき、極めて強い温室効果を持つ代替フロン類ガス（Hydro-Fluorocarbons、略称 HFCs）製造・使用の削減協力について意見が一致したとの共同声明を発表した。同声明は、HFCs を段階的に減らすことにより、二酸化炭素 90 ギガトン相当の温室効果ガスを 2050 年までに削減する可能性があるとした[272]。これは、温室効果ガスの排出削減における初めての米中間協力である。特に、サイバー・セキュリティ、南シナ海問題や尖閣諸島問題に対する米中両国の思惑が異なっている中、気候変動問題に対処するために打ち出した共通の立場は、会談の具体的な成果の一つと言えよう。

また同年 7 月には、「第 5 回米中戦略・経済対話」（S&ED 5）が開かれた。米中両国は S&ED 5 において、気候変動問題に関する専門的な作業部会を設け、エコ・パートナーシップの新規締結に基づき、GHGs 排出の削減技術の共同開発など五つの分野において協力を推進することで一致した[273]。気候変動問題を担当した解振華氏は、「米中両国は、温室効果ガスの製造・利用と排出削減をめぐって、二国間チャネルを通じて技術協力を強化するとともに、多国間協議を用いて関連の規制を定めなければならない」という立場を記者会見で表明した[274]。

このように、米中両国は、コペンハーゲン会議以降の二国間協力に基づき、多国間レジームにおける二国間協力の強化も視野に入れるとの姿勢を打ち出すようになった。

その後の 2014 年 11 月、北京で開催された APEC 首脳会議の閉幕を前にオバマ大統領と習近平国家主席が、「気候変動とクリーン・エネルギーに関する米中共同発表」を表明した。その内容は、米国は2025年までに温室効果ガスの排出を2005年基準で26%から28%削減し、中国は2030年頃に二酸化炭素排出を頭打ちにさせるというものである。気候変動問題とクリーン・エネルギーにおける現在のような米中両国の立場は、これまでの二国間協力や多国間政治協議に基づき、度重なる対話とコミュニケーションによって形作られてきたと考えられる。つまり、これらの活動は米中間における信頼関係の醸成、共通認識の形成、そして利害調整の実現に直接寄与していると言える。2015年のパリ協定採択を受け、国際合意の構築に影響を与えた決定的な要因として、米中二国間の戦略的関係の発展を挙げることができる。

米国は日本や欧州に比べて、環境・エネルギー分野において中国政府に公式の開発援助を提供してきた歴史が短い。日本や欧州は、環境関連分野で公式な資金援助を中国に提供し、これによって環境分野における先進国と途上国間の国際協力が促進された。しかし米国の場合、環境分野における中国への公式な資金援助は限定的で、米中間の環境協力は比較的初期の段階にある。にもかかわらず、米中間において気候変動、エネルギー関連の環境協力は首脳級または閣僚級レベルで議論される場合が多く、双方の互恵関係を意図的に改善する立場から、当分野での協力を推進してきた。その理由としては、米中両国が単にエネルギー関連技術や情報交流を強化したり、環境分野で二国間協力を推進しただけでなく、戦略的に二国間友好関係の基礎を築こうとしたからである[275)]。

S&EDを通じて、近年、エネルギー・環境分野における、米中の二国間協力は徐々に広範囲に展開されるようになり、その分野は省エネ、自動車、CCS、再生可能エネルギーなど多岐にわたる。2014年APECでの合意ではさらに、既存の協力関係の強化を目指すのみならず、新たな協力項目である中国での大規模なCCSと、水増進回収技術に関する実証プロジェクトの追加、エコ製品に関する二国間貿易や低炭素型の持続可能な都市構築に関する新技術の導入促進など、環境協力によるビジネスの可能性を広げるための、様々な目標が盛り込まれていた。

2009年のコペンハーゲン会議では、コペンハーゲン合意に対するオバマ大統領の介入により、米国と中、印、伯、南アなど主要国間の駆け引きが合意のカギとなった[276]。特に、コペンハーゲン合意で定められた「排出削減目標または行動の設定」、「MRV 制度の導入」と「気温上昇摂氏 2 度目標」などは、2009 年 7 月の MEF 首脳宣言で目指した内容と一致している。このことから、オバマ大統領は「国際気候変動交渉における米国のリーダーシップを一新した」として、自ら存在感を示した[277]。また、2 回にわたる米中両首脳（オバマ大統領 / 温家宝首相）間の直接協議は、コペンハーゲン合意が作成された決定的な原因であるとされている。さらに、コペンハーゲン会議の開催を控えた時期以降の気候変動の対処問題は、UNFCCC と MEM、MEF を含む多国間協議及び二国間の直接対話に基づき、近年の（2016 年 4 月現在）米中戦略・経済対話における最重要課題の一つとなった[278]。

このような米中二国間の環境・気候変動協力は、多分野にわたる民間企業の参加に基づいているだけでなく、トップ外交によって力強く推し進められている。その土台にあるのは、時間をかけて醸成された政治的環境である。気候変動問題の対処責任をめぐる米中間にあった激しい論争と対立関係が大幅に緩和されたことは、2014 年のリマ会議及び 2015 年のパリ会議においても垣間見られた。

各々の国内事情から見れば、中国は温室効果ガスの大量排出を背景に急速な経済成長を達成したものの、環境破壊とエネルギー安全保障上の課題を抱え、一方、米国経済は国内の失業問題、経済成長の停滞などに喘いでいる。両国にとって温室効果ガス排出量の削減という課題は、化石エネルギーへの過度の依存から脱却し、エネルギー構成と使用形態の転換を図るとともに新たな雇用を生み出し、経済を成長に導く契機ともなっている。こうしたことから、米中にとっての気候変動問題は、気候変動の深刻化そのものを解決しようとするよりも、むしろ国内の持続可能な発展と経済開発の長期的戦略の一環として取り組まれている課題と言える。また同時に、二国間の戦略的協力関係を構築する上で相応しい課題でもある。というのも、国内の持続可能な開発には、相手国との安全保障のジレンマを引き起こさないよう、一致協力する姿勢が重要だからである。実際、米中間では、二国間のエネルギー安全保障の確保、クリーン・エネルギー研究と技術の推進・交流及び大気環境保全について、活発な議論が行われるようになってきている[279)]。

## まとめ

ブッシュ政権当時の米国内では、京都議定書で約束した目標の達成と国内経済の持続的な成長の両立に対する懐疑的な見方が根強く、国家間の責任分担の不公平さを主張する論調が主流であった。米国が京都議定書を離脱する理由に中国やインドなど経済新興国の不参加を挙げたのも、これまで経済新興国が国連交渉の原則である“共通だが差異ある責任”に基づき、いかなる法的対処約束をも拒み続けてきたからである。中国やインドなど経済新興国が対処措置を約束しない限り、米国は国際枠組の不公平を主張しつつ自国の対処責任を免れようとし続けるに違いない。

COP13のバリ会議以降、気候変動への対応をめぐる米中の対立が表面化した[280)]。国際枠組をめぐる交渉の停滞に直結していたのは、先進国と途上国の対立というよりはむしろ米中の不調和であった。この米中不調和を明確な形とするには、まず米中の温室効果ガス排出状況を理解する必要がある。米国と中国はともにGHGs排出量が多く、今後も気候変動の進行に大きく寄与する存在である[281)]。また、米中両国ともGHGs排出削減コストの負担が大きいと見なしており、巨大な経済的負担を回避するため、相手国の排出削減約束を自国の行動の前提にするといった戦略をとっている[282)]。しかし、米中両国は野心的な削減目標を避けながらも、近年の交渉過程では一部の項目を除いて妥協し、自主的削減目標の約束や緩和行動を設定するなど、互いに歩み寄りを見せている。

米中間対立が一定程度緩和され、信頼関係が醸成された理由として、二国間協議を頻繁に継続してきたことが考えられる。コペンハーゲン会議の開催をきっかけに、米中は気候変動問題への対応をめぐって二国間の戦略的な協力関係を推進するようになった。米中は政治面での共通認識を形成し、課題を解決しようとしただけでなく、二国間協議、対話、或いはフォーラムを通じて、環境、エネルギー、産業分野における様々な実施計画を策定したり、技術・人材の交流や研究開発など資源の提供と情報の共有を推進し、相互の利害調整を実現した。また、気候変動への対処をエネルギー安全保障に関連付け、既存エネルギー効率の向上や新たなエネルギーに関する技術開発、そして普及と移転をめぐる戦略的互恵関係に基づき、協力を進める方向へと向かっている。

米中二国間協議はMEF、MEM、APEC、APP、G20などといった重要な多国間協議に合わせて、COP15コペンハーゲン会議を控えた時期から頻繁に行われてきたことも注目に値する。米中両国は気候変動への対処をめぐって多国間、地域内、そして二国間ベースで議論を交わし、お互いへの理解度と信頼性が一定程度向上したことが推察できる。その間接的証拠の一つとして、2009年以降の国連交渉では、COP13バリ会議に比べ米中両国の対立はさほど目立たず、水面下での論争にとどまっている。

COP15の開催を控えて調整された米中両国の立場は、会議の終盤におけるコペンハーゲン合意の作成を含む、その後の国連決定の採択に大きく寄与した。2009年に留意されたコペンハーゲン合意に続き、2010年のカンクン合意の採択によって、自主的な約束に基づく国別対処目標の提示が容認され、米中両国は京都議定書の下で2013年以降の強制的な目標の設定に乗り出す可能性はなくなった。気候変動への国際対処は、国家間協力の必要性が叫ばれていたにもかかわらず、京都議定書が定めた強制的な対応義務という前提が適用できなくなったことから、米中を含む締約国はそれぞれ国内で対策案を検討し、自主的に排出削減目標或いは緩和活動の内容を設定するものとなった。特に米中両国は、基本的に、国際法的拘束力のあるGHGs排出削減目標を受け入れる状況になく、両国が法的削減目標を国際的に約束する可能性はほぼ皆無と言える[283)]。米国と中国は、国別約束と行動を国内で自主的に設定することに賛同し、法的拘束力のある削減目標の導入には触れずにきた。

米中の立場は、2010年に採択したカンクン合意の内容と整合的であり、ポスト京都議定書の枠組を形作った。国連とその他の多国間協議や米中二国間協力を通じて見られたように、パワー、国益と利害関係が複雑な様相を呈するなか、大国においては自国の目的を実現しながら様々な取り組みによって対処手法を共有することが重要となる。少なくとも米中双方は、二国間で交渉における主な争点を議論し、具体的な対処手法を捻り出すための利害調整を行い、対処案の実施に関して合意することができた。米中協力は、2009年以降のUNFCCC、MEFとその他の多国間協議に対して多国間合意の契機をもたらし、国際レジーム間の競合関係を一定程度緩和させたと言えるであろう。

気候変動問題では、国連内外の交渉と米中二国間協議との緊密な相互関係によって多国間協力制度が構築されたと考察できる。従来のレジーム論では考えにくかったことだが、米中両国は、UNFCCCと重複する様々な国際レジームで協議を進め、各レジームで関係国間の利害調整を行えるようになった。特に、ポスト京都議定書の枠組をめぐる国際合意の形成は、UNFCCCとMEM・MEFを含む多国間協議との相互補完関係によって成し遂げられたが、その根底には米中間の戦略的協力関係の発展と強化があった。多角的な対処手法の共有と主要大国の取り組みによる実質的な影響を受けた多国間協力は、従来のフォーラム・ショッピングやレジーム・シフティングとは異なり、既存のレジームに寄与するとともに、重複関係を持つ国際レジームの間における相互補完関係の形成を可能にしたのである。

注

236) 2009年において、米中両国の温室効果ガス合計排出量は世界全体の41%を占めた。*$CO_2$ Emissions from Fuel Combustion-2011 Highlights,* International Energy Agency (IEA), October 2011.

237) Sevasti-Eleni Vezirgiannidou. (2008). “The Kyoto Agreement and the Pursuit of Relative Gains,” *Environmental Politics* 17, pp.40–57.

238) *Ibid.,* p.41.

239) *Ibid.,* p.45.

240) *Ibid.*, p.50.

241) 環境破壊を生成する原因とその悪影響が出現するまでの間には、多くの場合、長い潜伏期間がある。気候変動問題の場合におけるヒステリシス性とは、気候環境を変動させる要因を含む行為が実施された時点と、実際に気候変動が起こった時点の間にある、比較的長い時間差である。このヒステリシス性により、行為体は自らの行為が環境に直ちに破壊を与えるものという認識が希薄で、気候変動問題に対しても人類の存亡に関わる喫緊の危機として受け止めることが難しい。

242) George W. Bush, *State of the Union Addresses of the American Presidents*, January 23, 2007.

243) "National Intelligence Assessment on the National Security Implications of Global Climate Change to 2030," National Intelligence Council, June 25, 2008.

244) Steven Holland, "Obama Says Climate Change a Matter of National Security," *Reuters*, December 9, 2008.

245) *The National Security Strategy*, U.S. White House, May 2010, p.3.

246) *The Quadrennial Defense Review 2010,* U.S. Department of Defense, February 2010.

247) *The Quadrennial Diplomatic and Development Review 2010*, U.S. Department of State and U.S. Agency of International Development (USAID), December 2010.

248) Barack Obama, "Remarks by the President on Climate Change," speech delivered at Georgetown University, Washington D.C., U.S. White House, June 25, 2013.

249)「第三部：气候变化对中国的影响和挑战」(第三部：中国に対する気候変動の影響と挑戦)『中国应对气候变化国家方案』(中国気候変動対応国家方案) 2007 年 6 月。『中国应对气候变化的政策与行动』(中国の気候変動白書) 中国国務院、2008 年 10 月 29 日。

250) 同前掲。

251)『中国应对气候变化国家方案』(中国気候変動対応国家方案) 中国国務院国家発展改革委員会、2007 年 6 月 4 日。

252) Julianne Smith and Alexander T. J. Lennon. (2008). "Setting the Negotiation Table: The Race to Replace Kyoto by 2012," In Kurt M. Campbell, ed. *Climatic Cataclysm: The Foreign Policy and National Security Implications of Climate Change,* Washington, D.C.: Brookings Institution Press, pp.205-207.

253) 中国の各地域に発生した砂漠化、干ばつ、洪水などの原因に繋がり、すなわち温暖化の深刻化が中国に悪影響を及ぼしていくことに否認しない立場を取るようになった。『中国应对气候变化国家方案』(中国気候変動対応国家方案) 4-5 頁。

254) *The National Security Strategy 2010*, U.S. White House, May 2010, p.3.

255) 松山貴代子 (2009)「下院本会議可決の『2009 年米国クリーン・エネルギーおよびエネルギー安全保障法案』の概要」NEDO ワシントン事務所：<http://www.nedodcweb.org/report/ACES_House.1.pdf>.

256) Byron W. Daynes and Glen Sussman, "Economic Hard Times and Environmental Policy: President Barack Obama and Global Climate Change," presented at the 2010 Annual Meeting of the American Political Science Association. Washington, D.C. September 2010; 王瑞彬 (2010)「美国气候与能源立法进展及其影响」(米国気候とエネルギー法案成立の進展及びその影響) 王偉光、鄭国光 (等) 編著『应对气候变化报告 2010：坎昆的挑

战与中国的行动』（気候変動への対応に関するレポート 2010：カンクンへの挑戦と中国の行動）北京：社会科学文献出版社、117 頁。

257）2009 年 11 月 25 日に、国務院総理温家宝が国務院常務会議を開き、気候変動に対応するための関連作業について、2020 年まで温室効果ガス排出を抑制する中国の行動と目標を決定し、11 月 26 日に公表した。

258）「森林蓄積量」（growing stock）とは、国際連合食糧農業機関（Food and Agriculture Organization of the United Nations、略称 FAO）の定義によると、胸高直径 10 センチ以上の樹木の樹皮付きの幹の材積のことをいう。島本美保子（2010）「森林の持続可能性と国際貿易」『貿易と関税』59 巻、5 号、15 頁。

259）小柳秀明（2011）「高度経済成長下の中国環境問題──第 12 次 5 カ年計画が示す処方箋──」（独）科学技術振興機構中国総合センター第 41 回研究会：東京、2011 年 4 月 20 日。

260）同前掲、1 頁。

261）同前掲。

262）Daniel Bodansky. (2013). “A Tale of Two Architectures: The Once and Future U.N. Climate Change Regime,” In Hans-Joachim Koch ed. *Climate Change and Environmental Hazards Related to Shipping: an International Legal Framework,* proceedings of the Hamburg International Environmental Law Conference 2011: 35-51.

263）潘家華（2010）「转折调整・务实行动」（総報告：転機を迎え・実務的に調整と行動）王偉光、鄭国光等編著『应对气候变化报告 2010：坎昆的挑战与中国的行动』（気候変動への対応に関するレポート 2010：カンクンへの挑戦と中国の行動）北京：社会科学文献出版社、13-16 頁。

264）筆者訳。タイトルの原文は「中国科技部、国家能源局与美国能源部关于中美清洁能源联合研究中心合作议定书」。

265）筆者訳。タイトルの原文は「中国国家発展和改革委员会与美国环境保护局关于气候变化能力建设合作备忘録」。

266）Hilary Clinton, “America’s Engagement in the Asia-Pacific,” Speech delivered in Honolulu, U.S. Department of States, October 28, 2010: <http://www.state.gov/secretary/rm/2010/10/150141.htm>.

267）佐々木高成（2011）「オバマ政権の対中国経済戦略の特徴」『季刊　国際貿易と投資』83 号、10 頁。

268）「中美联合声明」（米中共同声明）中華人民共和国外交部、2011 年 1 月 20 日。

269）“Remarks at U.S.-China EcoPartnerships Signing Ceremony,” U.S. Department of State, Washington, D.C., May 10, 2011.

270）“U.S.-China Strategic and Economic Dialogue 2011 Outcomes of the Strategic Track,” U.S. Department of State, Washington D.C., May 10, 2011.

271）“Joint U.S.-China Statement on Climate Change,” U.S. Department of State, April 13, 2013;「中美气候变化联合声明」（気候変動に関する米中共同声明）中国外交部、2013 年 4 月 13 日。

272）“United States and China Agree to Work Together on Phase Down of HFCs,” U.S. White House, Washington, D.C., June 8, 2013.

273) "Remarks With Chinese State Councilor Yang Jiechi at the EcoPartnership Signing Event," the Fifth US.-China Strategic and Economic Dialogue, U.S. Department of State, Washington, D.C., July 11, 2013.
274)「气候变化与能源合作　美中对话新亮点」(気候変動とエネルギー協力　新しい米中対話の焦点)『美国之音』(Voice of America) 2013年7月10日。
275) "Joint U.S.-China Statement on Climate Change," U.S. Department of State, April 13, 2013; "John Kerry: Getting the U.S.-China Climate Change Partnership Right," U.S. Department of State, Washington, D.C., July 19, 2013.
276) "For the first time in history all major economies have come together to accept their responsibility to take action to confront the threat of climate change…Earlier this evening I had a meeting with the last four leaders I mentioned -- from China, India, Brazil, and South Africa. And that's where we agreed to list our national actions and commitments, to provide information on the implementation of these actions through national communications, with international consultations and analysis under clearly defined guidelines. We agreed to set a mitigation target to limit warming to no more than 2 degrees Celsius, and importantly, to take action to meet this objective consistent with science." Remarks by the U.S. President during press availability in Copenhagen, U.S. White House, December 18, 2009.
277) "…we have renewed American leadership in international climate negotiations." *Ibid.*
278) "Climate Change to Top Agenda at US-China Talks," *The Guardian*, July 10, 2013.
279) 米国上院外交委員会委員長ジョン・ケリー氏（John F. Kerry）は、訪中の際の記者会見で「米中両国が共に気候変動問題に対処するのは、両国の経済発展と国家安全保障の目標の実現を推進するのに役立つのである」と発言した。「美国参议员：美国将派气候变化问题磋商小组访华」(米国上院議員：米国は気候変動問題に関する交渉代表団を訪中のために派遣)『新華通信社』2009年5月28日（2013年8月8日にアクセス）；"John Kerry Hails Progress of US-China Climate Talks," *The Guardian*, May 28, 2009.
280) Robert Falkner, Hannes R. Stephan and John Vogler. (2010). "International Climate Policy after Copenhagen: Towards a 'Building Blocks' Approach." *Global Policy* 1, pp.256-266.
281) 1850年から2007年の世界全体累積排出量（エネルギー量二酸化炭素換算）のうち米国が1位で28.75%を占め、3位は中国の8.98%である。また、1993年から2007年の累積排出量では、中国は世界全体の16.98%を占め、米国に次いで2位となった。Source: Climate Analysis Indicators Tool (CAIT 8.0), World Resources Institute, Washington, D.C.
282) Vezirgiannidou. (2008).
283) 筆者が行った中国社会科学院・都市発展と環境研究所の諸研究員との意見交換の内容による。北京、2011年2月25日。

# 第七章

# 結論：国際制度の形成と米中関係

## はじめに

本書は、「レジーム・コンプレックスにおいて、なぜ重複レジームには相互補完関係の形成が可能なのか」という研究課題について、気候変動問題への対処に関して成立しているレジーム・コンプレックスを事例に、検証した。

特定の分野における複雑な利害関係と権力構造によっては、単独の国際レジームを用いてすべての問題に対応して解決することが極めて難しいことがある。また、問題に対処するために莫大な資源を投入しようとする覇権国家が不在のため、対処レジームを構築するには、複数の関係国による協力が必要である。しかし問題への対応は、対処アプローチの違いにより、関係国にとって不都合な状況となる可能性がある。

気候変動問題への対処問題は、その好例である。気候変動問題は不確実性、長期性という特徴を持つため、短期的な国益及びコストの計算が極めて困難であり、かつ各国間の利害が複雑に絡み合っている、解決が非常に困難と思われる問題領域である。事実、京都議定書に基づく対処原則は米国を中心とする先進国の不満を招き、世界全体の温室効果ガスの排出削減を目指す同議定書は機能不全に陥ってしまった。新たな対処原則を主張する米国は、開発途上国による実質的な行動を求めたために、途上国の警戒心が強まったのである。

このような背景の下、気候変動問題への対処に関しては、様々なレジームと制度が形成され、複雑な国際レジームのネットワークが成立するに至っている。

その理由は、国連では気候変動問題の進行と深刻化に対応できていなかったからである。国連交渉は長年にわたって行き詰まっていたため、その膠着状況の打開を目的とする多国間、二国間協議に着手されるようになり、その結果、国連の下での枠組との重複関係が生成された。本書の目的は、これらの多国間、二国間協議が形成された原因、国連交渉過程との関係、国際協力に対する影響などについて探ることであった。特に、重複レジーム間には競合関係以外に、相互補完関係が形成される可能性もあることを検証した。

また、気候変動問題への対応を目的とするAPP、MEM、MEFなどの、いわゆる対抗レジームは、米国主導の下で形成されたため、UNFCCCに取って代わるものとして途上国に強く懸念された。このため、双方の不信感は解消できず、コペンハーゲン会議が破綻寸前に至るという事態をもたらした。しかし同時期に、G8、MEF、APECなどの多国間協議が並行して行われ、様々な可能な対処法をめぐって国際交渉を行った。また、世界最大級の二酸化炭素排出国である米国と中国は、コペンハーゲン会議の開催を控えて、環境、エネルギー安全保障や気候変動問題への対処において、二国間の戦略的協力関係の構築をスタートさせ、自国の目的を国連決定の採択によって実現した。本書では、これらの事例を通じて、重複レジーム間における相互補完関係が一定の条件のもとで生成しうるという本書の主張の妥当性を検証してきた。

## 一．レジーム・コンプレックスに関する理論の妥当性

気候変動問題への対処に関する国際交渉過程と諸取り組みを分析した結果、レジーム・コンプレックスを形成する重複レジームの間に競合関係を生むと言われるフォーラム・ショッピング、或いはレジーム・シフティングといった行動が、むしろレジーム間の相互補完関係に発展する可能性を有することが示唆された。そして、レジーム間の関係が相互補完的なものになるのは、主要大国が、当該分野の問題を有効に解決することを目指して多角的な対処手法を共有し、決定的役割を発揮した場合であることが明らかになった。以下、二つの時

期に分けて具体的に述べる。

## (一) 国連の下での国際交渉

ポスト京都議定書の枠組構築に関しては、UNFCCCの下での国際交渉を二つの時期に分けて論じた。第一の時期は京都議定書が正式発効した2005年(COP11モントリオール会議)から2012年以降の枠組を定めようとした2009年(COP15コペンハーゲン会議の開催前)までの期間である。また、第二の時期は、2009年のコペンハーゲン会議が終了してから、2020年以降の国際枠組を議論するための基礎を定めようとした2015年(COP21パリ会議)までの期間である。

第一の時期において、UNFCCCの下での国際交渉では、主要大国による対処手法の共有と決定的な役割の発揮は顕著ではなかった。要するに、説明要因は長い期間にわたって大きく変化しなかったのである。各主要交渉国は対処原則と自国に課される負担に対して強い懸念を持ち、温室効果ガスの排出削減義務を極力避けようとした。例えば米国は、中国やインドが削減義務を負わないことを理由に、京都議定書で定められた削減目標を受け入れられないことや、途上国が温室効果ガスの歴史的排出量を根拠に、先進国に対処責任があると強調し、米国の立場を非難していたことが挙げられる。

これに対して第二の時期においては、UNFCCCの下での国際交渉によって主要大国は対処手法を共有し、決定的な役割を果たすように大きく変化した。主要大国は、温室効果ガスの強制的排出削減だけでなく、その他の様々な対処方法を受け入れ、合意案を探るようになっていた。コペンハーゲン会議以降は、コペンハーゲン合意に基づき、主要大国、特に米国と中国、インド、ブラジル、南アなどの主要な途上国は、気候変動の緩和と適応が極めて重大かつ喫緊の課題であることを強調し、国内における法律面と政策面の整備を進めながら、自主的排出削減目標をそれぞれ確立するという、交渉姿勢の大きな変化を示したのである。

## （二）国連の外における国際交渉

ポスト京都議定書の枠組構築をめぐるUNFCCCの外における国際交渉も、上記と同様に二つの時期に分けて分析した。第一の時期においては、主要大国による対処手法の共有と決定的な役割の影響はそれほど明確なものではなかった。国連交渉が膠着した背景には、気候変動問題への対処をめぐってUNFCCCの枠組の外で多国間協議の場が形成され、また既存の多国間協議がこの分野に関心を持つようになったことがある。しかし、これらの試みは不調に陥った国連交渉に取って代わろうとする行動であると懸念されていた。例えば、APPとMEMは米国の主導の下で組織され、主要な先進国と途上国の共同参加を実現させたが、他国からは米国が単に自国にとって都合の良いプラットフォームを推進し、国連交渉に代替させようとしているにすぎないと解釈されていた。

これに対して、第二の時期においては、状況は大きく変化した。すなわち、多角的な対処手法の共有と具体的な行動により気候変動問題に対処しようとする主要大国の決定的な役割と影響が顕著な効果をもたらしたのである。米国が主導するMEFやG8、BASICなどの多国間協議では、UNFCCCと京都議定書の優位性が強調されつつも、現行の国連対処原則、すなわち“共通だが差異ある責任”の再検討が議論の的となった。この時期において、先進国は自らの対処責任を規定する既存の対処原則を見直そうとしながらも、中国などの主要な途上国の懸念を払拭するためにUNFCCC遵守の立場を示した。それに対して途上国は、途上国も対処行動を採ることを求める先進国に対して、対処のための資金や技術を提供するよう要求することで持続可能な開発を追求するようになった。

国連外の多国間、二国間協議では、対話を積み重ねてきた主要先進国と途上国との間に、完全ではないが、ある程度の信頼関係が生み出された。少なくとも、米中などの主要排出国同士は、ポスト京都議定書の制度構築をめぐって、主な争点であった国別緩和目標の自主的設定やMRV制度の構築と強化、新たな資金メカニズムの創設と運用などに関して共通の立場を打ち出した。主要国は国連の外において、交渉の肝心な部分をめぐって利害対立と矛盾の解消に努めた。特に、途上国に資金、技術などの提供を約束することと、先進国、とりわけ米国が主導する自主的緩和目標の設定に基づく国際制度の構築という2点について主要国間で合意に至ったことが、その例として挙げられる。また、主要排出国は国連外で、適応策の強化と異常気象の頻発化や自然災害への対処について様々なレジームのもとで取り組もうとしている。このように、国連交渉や取り組みと重複しているにもかかわらず、多国間、二国間協議は主要国間の信頼醸成という役割を果たし、全体の交渉過程にプラスの影響を及ぼしてきた。

## （三）気候変動に関する米中二国間協力関係の発展

ポスト京都議定書の枠組構築をめぐる米中協力関係の発展に関する分析では、第一の時期において、双方は対処手法の共有と戦略的な観点と行動を見せていなかった。米国はブッシュ共和党政権下にあり、現在の主要排出国である中国とインドなどの途上国が実質的な行動を採るべきであるとの考えを強調していた。それに対して、中国や途上国の不満が噴出した。例えば、COP13バリ会議の終盤で、途上国の代表が米国の交渉代表に対して強烈な非難を浴びせたことには、米国と途上国グループの代表を自負する中国との間における深い相互不信がみてとれる。一方、大統領任期の終了を控えるブッシュ政権は、MEMの開催を主導し、国連や京都議定書に取って代わる新たな枠組を構築しようとした。このような動きが途上国の懸念を招いたにもかかわらず、オバマ政権以降の国際交渉に新たな進展をもたらした。

対照的に第二の時期において、気候変動をめぐる米中協力関係では、多角化した対処手法に対する共通の取り組みと戦略的行動が急速に強化された。2009年の米中戦略・経済対話をきっかけに、環境保全、気候変動とエネルギー安全保障に関する一連の覚書や協定が結ばれ、かつ二国間協力のための様々なプロジェクトが実施されるようになった。気候変動問題をめぐる米中協力関係の改善は現時点でもまだ進行中であるが、リマ会議、パリ会議など国際交渉での協調姿勢が明らかになり、また、パリ協定の採択に伴うINDCの提出・レビュー方式が確立されたように、二国間の互恵関係を構築するために打ち出されたテーマの一つになったことは間違いない。

## 二．理論的インプリケーション

本書では、レジーム・コンプレックスの下で重複レジーム間の相互補完関係が生成される条件に関する仮説を立て、それらを事例研究に基づき検証した。本書の仮説は、レジーム・コンプレックスの下では、重複レジームの間で対処手法の共有及び主要大国による決定的役割の発揮という二つの条件が揃って初めて相互補完関係が形成されうる、ということである。本書では、ポスト京都議定書の国際協力枠組の構築をめぐる多国間と主要大国(特に米中両国)間協力が主な検証対象であった。そして、国連での多国間交渉、国連外での多国間協議、米中両国の二国間交渉という三つの研究対象について、2009年コペンハーゲン会議の開催を境として、二つの時期に分けて検証した。これらの事例研究の結果、本書の仮説は一定の妥当性を備えていることが実証された。以下、二つの時期を比較することから得られた理論的インプリケーションをまとめることにする。

重複レジーム間の相互補完関係に関する仮説は、2009年のコペンハーゲン会議の開催を控えた時期から進められた国連交渉、国連外多国間協議及び米中二国間交渉の過程と結果により裏付けられた。個別に述べると、コペンハーゲン会議開催の前と後を比較した場合、説明要因である対処手法の多角化と共有、及び主要大国による決定的な役割の発揮は、後者のほうが前者より顕著なものであったと言える。まず米国の共和党政権は、2006年1月にはAPPを、また2007年9月にはMEMを開催するという新たな政策アプローチを打ち出した。次いで、将来の国際枠組の内容を定めようとするコペンハーゲン会議を控えて、2009年に発足した米国の民主党政権はMEFの開催を主導した。これらの出来事は、途上国側から、米国がUNFCCCの外で新たな多国間交渉をスタートさせようとしている表れであると危惧された。その結果、この時期には

UNFCCCと国連外の多国間協議との間で明確な相互補完関係が形成されることはなかった。しかし、APPやMEMの開催が、MEF以降の主要大国間協力の基礎となったのである。

次に、国連外の多国間協議に関して分析した結果、UNFCCCと国連外の多国間協議、特にMEFとの間で相互補完関係が形成されたことが明らかになった。2009年4月にMEFの第1回会合が開催され、同年7月9日にMEF首脳宣言が発表された。同年12月のコペンハーゲン会議では議事の進行が混乱に陥ったが、会議の終盤において米国と中国、インドなど主要国間の直接交渉が実現し、コペンハーゲン合意という政治的な合意文書がまとめられた。コペンハーゲン合意は、当時、国際交渉の失敗を象徴するものとして多くの締約国やNGOに非難されたが、2010年に採択されたカンクン合意の土台となり、それ以後の国際協力枠組の基礎となった。コペンハーゲン合意とカンクン合意は、温室効果ガスの国別自主的排出削減目標の設定、MRV制度の実施、摂氏2度目標の導入、資金の拠出、技術移転の実施などにおいて、MEFで合意された内容と合致しているとともに、主要国の目標を概ね反映している。また、MEFは2009年以降定期的に開催され、これまでに（2016年4月現在）UNFCCCと並行して17回の会議が開かれた。しかし、これらの国連外の多国間協議枠組がUNFCCCに取って代わったり、気候変動問題において強い権限を持つようになったりはしていない。以上のことから、UNFCCCと国連外の多国間協議、特にMEFとの間で相互補完関係が形成されたことは明らかである。先進国と途上国を含む締約国は依然、国連において国際合意の成立を目指そうとしているのである。

また、気候変動問題への対処をめぐる米中間の二国間関係においても、コペンハーゲン会議の開催を控えた時期から両国による対処手法の多角化、共有、そして協力のための戦略的な行動が著しくなった。2009年7月のS&ED 1において、気候変動、エネルギーと米中の環境協力の強化に関する覚書に署名されたことをきっかけに、米中両国は気候変動とエネルギー安全保障をめぐる二国間戦略的協力関係の構築を図るようになった。これまでに（2016年4月現在）

S&EDは6回開催されており、気候変動、環境保全とエネルギー安全保障に関する諸問題は、二国間の協力関係において優先度が高まっている。これらに関連するプロジェクトや実施項目の強化も、米中二国間戦略的協力関係の促進において、最重要課題の一つとして浮上した。米中両国はコペンハーゲン合意の作成に直接に参加した上、カンクン合意とダーバン合意の採択を評価しつつ、MEFの開催継続を支持した。従って、気候変動問題をめぐる米中関係の改善はUNFCCCと多国間協議に正の影響をもたらしており、三者の間に相互補完関係が形成されたと言えるであろう。

上記の三つの検証から、2009年の国連会議の開催を控えた時期から、締約国、特に主要大国による多角的な対処手法の受け入れと決定的な役割の発揮が明確になったという共通の結論が得られた。この事実は、重複レジーム間の相互補完関係に関する理論に多くの示唆を与えると考えられる。なぜならば、これらの検証対象は、結果に影響を与える可能性のあるその他の要因を制御しているからである。UNFCCC交渉、国連外の多国間協議、そして米中二国間協力関係はほぼ同じ時期に変化を見せていることから、事例の結果は説明要因以外の原因では説明しにくい。つまり、国連内外の国際交渉において、米中両国がともに最重要な主要国であり、かつ国際合意の内容は米中の目標に合致しているがゆえ両国によって受け入れられるものであるので、それぞれの検証対象において、対処手法の多角化と、主要大国が果たした決定的な役割以外の要因が強く結果に影響している可能性は低いと言えるのである。

以上から、本書は、レジーム・コンプレックスの状況において、重複レジーム間の関係が相互補完的なものになるのは、主要大国が多角的な対処手法を共有し、決定的役割を発揮した場合であると結論づける。

## 三. 今後の研究課題

本書では、国際レジームが並存する中で、重複レジーム間の相互補完関係の形成に関する因果関係について意義深い研究結果を得ることができた。すなわち、関係国、特に主要大国による多角的な対処手法の共有と決定的な役割の発揮が重複レジーム間の相互補完関係の形成と密接に関連している、ということである。しかし、この実証研究の結果は完全なものとは言えず、二つの課題が残されていることをここで示さなければならない。

一つ目の課題は、気候変動問題に対して国家が積極的に取り組むようになった理由を解明することである。すでに分析したように、UNFCCC と京都議定書の機能不全と気候変動という地球環境問題の複雑性により、締約国が柔軟かつ戦略的に行動しなければ、問題の深刻化を解消できない。しかしここで、なぜ気候変動問題に対処しなければならないのかという反論がなされるであろう。残念ながら、本書ではこの点について十分に明らかにできなかった。これは、国家の対処行動を議論する際における根本的な疑問である。この点に対して、「気候変動の進行が国の安全性（safety）、または国の安全保障（security）に悪影響を与えるからである」ということは、一つの答えとなるだろう。例えば、近年の気候変動問題に関する米国の政府系研究では、気候変動の深刻化が国家の安全保障にもたらす被害と悪影響について、そのメカニズムと具体的影響が分析されている[284)]。

米ハーバード大学が 2012 年に発表した「異常気象：近年の動向と国家安全保障への含意」（Climate Extremes: Recent Trends with Implications for National Security）では、「（気候変動の：筆者）影響が、今後、水、食料、エネルギー安全保障、重要なインフラなどの米国の国家安全保障に関わる分野においてそれぞれ感じられるようになる」と結論づけられた[285)]。これらの報告書と研究成果に基づき、政府や政治指導者が気候変動の深刻化に対して国家の安全保障上の懸念を持つようになったとすれば、上記の疑問に答えることとなる。その場合、国家が気候変動問題を安全保障問題化（securitization）することの意味を本書の理論的視点に取り込む必要が生じる。

しかしながら、国の政治指導者が抱く安全保障上の懸念を直接に測って実証することは極めて困難である。その理由は、現在の技術水準では、気候変動がもたらす被害の発生時期と程度を正確に予測することがほぼ不可能なためである。上記の報告書でも指摘されたように、気候変動の深刻化は米国の安全保障にとって脅威であると認識されるようになったが、気候変動の進行と影響に対する予測モデルの精度をさらに高めて、百年規模から数十年、数年規模まで予測の時間スケールを狭めなければ、安全保障分野の政策決定との関連性は強まらないだろう[286)]。従って、現時点では、政治指導者が気候変動問題を国家の安全保障上の懸念として捉えるようになることの意味を分析の射程内に含めることは難しい。もう一つの問題は、国の政治指導者が気候変動に対して安全保障上の懸念を抱くようになったとしても、それが如何に国家の行動に影響を与えるのかを解明しなければならないということである。今後は、政治指導者による認識、特に国家安全保障上の観点から見た変化が、どのように国の行動に影響を与えるのかという議論に基づいて、本書の理論的視点を再構築することも視野に入れるべきかもしれない。この作業については、今後の研究課題として残しておく。

二つ目の課題は、より信憑性の高い実証とするためには更なる証拠が必要となるということである。これについて二つの側面から理由を説明する。第一の理由は、多国間交渉において交渉担当者と政治家の真意を知ることは極めて難しい作業であるという点にある。特に国際交渉、とりわけ国連は透明性のある民主型・参加型の枠組構築を強調しているにもかかわらず、秘密交渉と非公開会議を頻繁に行っている。また、国連交渉ではグループ交渉が中心となっており、個別の交渉国の立場は所属している交渉グループに影響されやすく、特定しにくくなっている。例えば中国の場合は、国連の枠外において、気候変動問題の解決と対応をめぐって米国との戦略的協力関係の構築を重要視すると強調してきたにもかかわらず、国連ではG77＋中国グループに属しているために、このような文言が国連の公式発言として示されることはほとんどない。ただし、国連の枠組で途上国が先進国の行動を公式に非難しても、その行動は、米国をはじめとする先進国と交渉上の立場が異なっているからであり、真意は別にある可能性があると解釈できる。従って米中戦略的協力関係の構築に関する中国の考えが国連の中で明確に示されていないからといって、本書による実証の結果が覆されることはないであろう。

第二の理由は、気候変動問題をめぐる米中二国間協力の発展については、戦略的な解釈に基づく説明しかなされていない点にある。気候変動に関する米中協力関係が大きく進展し始めたのは 2008 年以降である。気候変動、環境保全及びエネルギー安全保障に関する様々なパートナーシップの構築やプログラム、プロジェクトの実施はまだ始まったばかりであり、実務上の経験と、それが二国間の戦略的協力関係に与える影響を評価することは時期尚早である。仮に、米中両国が実務経験を積むことで二国間協力の質をさらに向上させるのであれば、戦略的協力関係が強化されることとなるだろう。また逆に、実施結果と問題点に対する改善の意思が見られなければ、両国のこれまでの行動は戦略的なものにすぎなかったと捉えるべきである。いずれにしても、本書の主張である、米中二国間戦略的協力関係の構築が大きく推進されたという事実に変わりはない。

これらの問題を解決するためには、資料の質と量の改善を含む研究手法の向上が必要となるだろう。本書の理論的視点を実証するために、2009 年 12 月にコペンハーゲンで開催された締約国会議をはじめ、カンクン会議、ダーバン会議、ドーハ会議、ワルシャワ会議、リマ会議、パリ会議、マラケシュ会議の合計 8 回の会議に参加し、交渉を傍聴するとともに関係者にヒアリング調査を実施した。しかし、前述のように、国連交渉がグループ交渉であるため、締約国は個別の立場を示すことを避けようとした。特に、中国や米国などの主要国による立場の表明は、会議の進展を左右しうる政治的意味を伴っているため、両国の真の思惑を知った上で立証することができれば、本書の理論的視点はより大きな説得力を持つことになるだろう。残念ながら、本書では国連交渉における主要国の真意を国別に記録することができなかった。今後の研究を進めるにあたって、関係国の真の思惑を推察するために、さらに繊細な作業と長期的観察を行う必要があると思われる。

## まとめ

「なぜ重複レジームの間に相互補完関係が生成されうるのか」という設問に対する答えを得るために、本書ではレジーム・コンプレックスの下で、国際レジームの重複関係の形成に関わる対抗レジームが出現する原因を探った。国際的なレジーム・コンプレックスが容認されるなかで、国際交渉と合意形成が行き詰まると、関係国、特に主要国が自国にとって都合の良い手法で問題にアプローチすることは理解できる。従って、主要国によってフォーラム・ショッピングやレジーム・シフティングを通じて対抗レジームが立ち上げられることになる。この場合、対抗レジームは確かに一部の国家の都合によって形成されるが、しかしその根本的な目的の一つが、実施ルールや対処手法を改善することで国際協力に向けた取り組みの窮状を打開しようとすることなのだとすれば、既存の観点を見直す必要がある。つまり、このような重複関係では、既存の国際レジームと対抗レジームが互いに機能的に相互補完関係になっているからである。

気候変動問題をめぐる米中の二国間戦略的協力関係の構築がUNFCCCと多国間協議との間に前向きな影響を及ぼしたことは、気候変動のレジーム・コンプレックスの重複レジーム間における相互補完的な関係の生成を示唆している。具体的には、これらの多国間、二国間協議が相互信頼関係の醸成、合意形成に向けた争点と妥協点の明確化、利害の調整などを促す役割を果たした。主要国同士は、気候変動問題へ対処するために、必要な行動や資金、技術、人材、情報の提供と共有などについて、国連外の多国間協議枠組を通じて話し合いを重ねた。さらに各国は、異常気象の発生や自然災害への対応と適応策の強化を共通の課題として認識し、それに取り組むようになった。例えば、気候変動問題について、二国間協議を重ねることで米中関係が改善されたことにより、多国間協議での交渉でも一定の成果が挙げられ、それが2009年のコペンハーゲン合意、2010年のカンクン合意、2011年のダーバン合意、そして2015年のパリ協定という一連の国連決定の採択に大きく寄与したのである。

地球環境問題の分野では、国際レジームの並存とシステムの複雑化、いわゆるレジーム・コンプレックスの形成が進んでいる。この趨勢を考えれば、レジーム・コンプレックスに関する新展開は、既存の観点だけでは分析できず、説明しきれない部分が多くなっているのである。そこで、国際レジームの様態の変化に対応するために、重複レジーム間の相互補完関係の形成条件に関する理論を構築するとともに、事例研究に基づき検証することで上記の関係の変化を明確にしようとした点に、本書の意義が見いだされるであろう。

注

284）2010年のQDRとQDDRの他に、Peter Schwartz and Doug Randall, *An Abrupt Climate Change Scenario and Its Implications for United States National Security*, October 2003（米国防総省の報告書）と *Climate Extremes: Recent Trends with Implications for National Security*, Harvard University Center for the Environment, October 2012（米国中央情報局の助成の下で実施された研究）が挙げられる。

285）"Impacts will be felt on water, food and energy security, and critical infrastructure-each in the U.S. National Security Interest." *Climate Extremes: Recent Trends with Implications for National Security*, Harvard University Center for the Environment, October 2012, p.117.

286）"Having arrived at a condition where climate change has been identified as a likely threat to U.S. national security interests, but with little ability to clarify the nature of expected climate impacts over a timeframe that is relevant to security decision-makers…," *Ibid.*, p.118.

# あとがき

本書は、筆者が2014年3月に東京大学大学院法学政治学研究科に提出した博士論文を基に改稿したものであり、博士論文との内容と異なる箇所については本書に準ずることとする。本書の出版は、平成28年度東京大学学術成果刊行助成制度による助成を受けている。まずは東京大学に対して御礼を申し上げる。

資金面以外にも本書の出版に際しては本当に多くの方々にご指導、ご尽力いただいた。このことについて御礼を申し上げたい。まずは私が修士課程在籍中からご指導いただいた東洋文化研究所の田中明彦教授と、博士論文のご指導を頂いた法学政治学研究科の飯田敬輔教授に多大なる感謝を申し上げる。また、論文審査の過程で批判的かつ建設的な意見を教示して下さった社会科学研究所の樋渡展洋教授、吉田直未さんに感謝を述べたい。また国際交渉現場にて、交渉過程の観察ノウハウをタイムリーに伝授して下さった東京大学公共政策大学院本部和彦教授にも御礼を申し上げたい。さらに、公私ともに娘のように接して下さった池田恭子さん、編集・校正作業全般をサポートして下さった現代図書の野下弘子さんに感謝する。更に国際交渉の現場や中国、米国などでヒアリング調査や意見交換をさせて下さった研究者、専門家及び数多くの方々に対しては個々に謝辞を述べることはできないが、この場を借りてあわせて感謝申し上げる。

筆者は2009年のコペンハーゲン会議参加をきっかけに、これまで8回にわたり国際交渉の現場に足を運ぶことができた。学生時代から非政府組織(NGO)に属し、就職した後は日本政府代表団関係の一員(オーバーフロー枠)として交渉を観察してきたことで、様々な角度から国際交渉を間近に見ることができた。2013年に出版された拙著『「京都議定書」後の環境外交』(三重大学出版会)では、日本の環境外交に焦点を当て、米国の京都議定書離脱後に行われたシャトル外交、そして京都議定書を発効させるため数々の障壁を乗り越えてきた政治的背景を分析した。印象的だったのは、リマ会議の会期中、日本政府代表団のオフィスが省庁ごとに仕切られ、九つの独立した部屋になっていたことである。私は会場のマップを見た知人からその理由を聞かれて初めて、海外から見た日本の代表団の違和感に気づいたのであった。縦割り行政が特別に顕著な日本では、省庁間の利害による細かい調整で政策や取り組みが決定され、その時々での政治指導者の影響力が非常に大きいことが窺われる。

本書の分析対象の焦点は、前著と異なり米国と中国に当てることとした。国際レジームの構築に米中両国が発揮してきた影響力は明白であるが、日本とは無関係であると思われがちである。実は筆者も当初、米中両国が交渉の足を引っ張っているとの見方をしていたのだが、現地調査などを通じて分かったのは、ここ数年で、二国間協力の発展が政治的なレトリックを超えてかなりのレベルまで進んでいることである。気候変動、環境、エネルギー分野での協力に関する個々の取り組みには、中央政府、地方・州政府、民間企業、市民団体と大学、研究機構などのステークホルダーが主体的に関与しており、関係者の層も厚い。

そして特に印象深いのは、中国人の旺盛な学習欲である。例えば、2017年に中国の温室効果ガス排出権取引制度を立ち上げるため、各地で欧州や米国などから国際経験豊かな専門家を招聘したり、担当者を対外派遣したりするなど非常に積極的な行動が見られた。無論、こうした動きは習近平政権が近年掲げた「生態文明の建設」という旗印の下で進められてきており、高度な政治的支配に支えられている。また、欧州と並ぶ世界最大の排出権取引市場の設立という野心的な目標は、京都議定書の約束期間において経済的手法を通じて排出削減目標を達成させてきた日本とは決して無縁ではない。例えば、中国の日本企業の工場も排出規制の対象とされるため、中国での投資環境の変化や、世界規模での炭素市場と炭素価格の形成による海外生産コスト増の可能性など、経済的手法にはそれなりのリスクが伴う。読者の皆様が今後、本書が扱う気候変動分野のみならず、貿易や金融、もしくは安全保障などの諸分野における国際レジームの生成と発展を左右しうる今日の米国と中国に対して、二国間関係の発展と変化に、さらなる注意を払っていただくことのきっかけの一つになることができれば、本書の目的はほぼ達成されたと言っていいだろう。

気候変動の国際交渉は長年、行き詰まりながらも少しずつ前進してきた。そしてパリ協定の採択と署名後、半年足らずで正式発効し、新たな階段に入ったと言える。これからは各参加国が同協定を遵守し、定期的レビューを通じてそれぞれの行動と成果を確認することで、2 度目標の達成に近づくことが最も肝心なポイントである。筆者はこのような状況では、罰則が設けられていない現行の制度においては、ある種の“ピアプレッシャー”(同調圧力)、もしくは“シェイミング”(恥かき)のメカニズムを生み出す制度が必要になってくるのではないかと考えている。このような制度の形成には、米中両国の主導的な役割が欠かせないが、米国では 2017 年 1 月に共和党のドナルド・トランプ氏が大統領に就任することが決定し、国内の気候変動・エネルギー関連政策、対中関係、パリ協定との関わり方などに関しては改めて検討される可能性が強まったことから、今後の進展に関して予断を許さない状況にあると言える。いずれにしても、パリ協定は世界全体を行動させるためのスタート地点に過ぎず、今後は米中二国間協力関係の発展とともに国際交渉のプロセスを継続して観察していきたい。

最後に、素晴らしい研究環境を提供していただいている現勤務先である、日本貿易振興機構(ジェトロ)アジア経済研究所と、研究の内容と進め方などについていつも相談に乗ってくれる上司と同僚に感謝を伝えたい。また、長年にわたり日本語文章の表現についてアドバイスしてくださっている道家弘毅さんと、昨年の産休復帰後から子育てを献身的に手伝ってくれる私の両親に、心から感謝する。

2016 年 11 月

幕張・アジア経済研究所
鄭　方婷

# 参考文献

## 【欧文文献】（アルファベット順）


Abbott, Kenneth, and Duncan Snidal. 2006. "Nesting, Overlap, and Parallelism: Governance Schemes for International Production Standards." Memo presented at the 2006 Nested and Overlapping Institutions Conference, Princeton University, February 24.

Agarwala, Ramgopal. 2010. "Towards a Global Compact for Managing Climate Change." In Joseph. A. Aldy and R. N. Stavins, eds. *Post-Kyoto International Climate Change Policy: Implementing Architecture for Agreement*, 179–200. Cambridge: Cambridge University Press.

Aggarwal, Vinod K. 2005. "Reconciling Institutions: Nested, Horizontal, Overlapping and Independent Institutions." Memo presented at the 2006 Nested and Overlapping Institutions Conference, Princeton University, February 24.

———, ed. 1998. *Institutional Designs for a Complex World: Bargaining, Linkages, and Nesting*. Ithaca, New York: Cornell University Press.

Agrawala, Shardul, and Steinar Andresen. 1999. "Indispensability and Indefensibility: The United States in the Climate Treaty Negotiation." *Global Governance* 5: 457–482.

———. 2001. "U.S. Climate Change Policy: Evolution and Future Prospects." *Energy & Environment* 12: 117–137.

Aldy, Joseph E., and Robert N.Stavins, eds. 2007. *Architectures for Agreement: Addressing Global Climate Change in the Post-Kyoto World*. Cambridge: Cambridge University Press.

———. 2009. *Post-Kyoto International Climate Policy: Implementing Architectures for Agreement*. Cambridge: Cambridge University Press.

Alter, Karen J., and Sophie Meunier. 2006. "Nested and Overlapping Regimes in the Transatlantic Banana Trade Dispute." *Journal of European Public Policy* 13: 362–382.

———. 2009. "The Politics of International Regime Complexity." *Perspectives on Politics* 17: 13–24.

Anand, Ruchi. 2004. *International Environmental Justice: A North–South Dimension.* Aldershot, Hampshire: Ashgate.

Axelrod, Robert, and Robert O. Keohane. 1985. "Achieving Cooperation under Anarchy: Strategies and Institutions." *World Politics* 38: 226–254.

Barker, Terry, Paul Ekins, and Nick Johnstone, eds. 1995. *Global Warming and Energy Demand.* New York: Routledge.

Barnett, Jon. 2003. "Security and Climate Change." *Global Environmental Change* 13: 7–17.

——— . 2008. "The Worst of Friends: OPEC and G-77 in the Climate Regime." *Global Environmental Politics* 8: 1–8.

Barrett, Scott, and Robert Stavins. 2003. "Increasing Participation and Compliance in International Climate Change Agreements." *International Environmental Agreements: Politics, Law and Economics* 3: 349–376.

Barrett, Scott. 1998. "Political Economy of the Kyoto Protocol." *Oxford Review of Economic Policy* 14: 20–39.

———. 2002. "Towards a Better Climate Treaty." *World Economics* 3: 35–45.

——— . 2003. *Environment and Statecraft: The Strategy of Environmental Treaty-Making.* Oxford: Oxford University Press.

———. 2008. "Climate Treaties and the Imperative of Enforcement." *Oxford Review of Economic Policy* 24: 239–258.

Beck, Ulrich. 2006. *Power in the Global Age: A New Global Political Economy.* Cambridge: Polity Press 18 (Fall 2001).

Benedick, Richard Elliot. 2001. "Striking a New Deal on Climate Change." *Issues in Science and Technology Online* 18 (Fall 2001).

Bodansky, Daniel. 1993. "The United Nations Framework Convention on Climate Change: A Commentary." *Yale Journal of International Law* 18: 451–558.

———. 2001. "Bonn Voyage: Kyoto's Uncertain Revival." *National Interest* 65: 45–56.

——— . 2013. "A Tale of Two Architectures: The Once and Future U.N. Climate Change Regime." In Hans-Joachim Koch, Doris könig, Joachim Sanden, and Roda Verheyan, eds. *Climate Change and Environmental Hazards related to Shipping: An International Legal Framework*, 35–51. Proceedings of the Hamburg International Environmental Law Conference 2011. Leiden, Boston: Martinus

Nijhoff Publishers.

Broadhead, Lee-Anne. 2002. *International Environmental Politics: The Limits of Green Diplomacy*. Boulder: Lynne Rienner Publishers.

Busby, Joshua. W. 2008. "Who Cares About the Weather? Climate Change and U.S. National Security." *Security Studies* 17: 468–504.

Buzan, Barry, Ole Waever, and Jaap De Wilde, eds. 1997. *Security: A New Framework for Analysis*. Boulder: Lynne Rienner Publishers.

Buzan, Barry, and Lene Hansen, eds. 2009. *The Evolution of International Security Studies*. Cambridge: Cambridge University Press.

Cadman, Timothy. 2013. "Introduction: Global Governance and Climate Change." In Timothy Cadman, ed. *Climate Change and Global Policy Regimes: Towards Institutional Legitimacy*, 1–16. Basingstoke and New York: Palgrave Macmillan.

Campbell, Kurt M., and Christine Parthemore. 2008. "National Security and Climate Change in Perspective." In Kurt M. Campbell, ed. *Climatic Cataclysm: The Foreign Policy and National Security Implications of Climate Change*, 1–25. Washington, D.C.: Brookings Institution Press.

Campbell, Kurt M., ed. 2008. *Climatic Cataclysm: The Foreign Policy and National Security Implications of Climate Change*. Washington, D.C.: Brookings Institution Press.

Cao, Jing. 2010. "Reconciling Economic Growth and Carbon Mitigation: Challenges and Policy Options in China." *Asian Economic Policy Review* 5: 110–129.

Caparrós, Alejandro, Jean-Christophe Péreau, and Tarik Tazdaït. 2004. "North-South Climate Change Negotiations: A Sequential Game with Asymmetric Information." *Public Choice* 121: 455–480.

Carraro, Carlo, ed. 1999. *International Environmental Agreements on Climate Change*. Dordrecht: Kluwer Academic Publishers.

Carroll, John E., ed. 1988. *International Environmental Diplomacy: The Management and Resolution of Transfrontier Environmental Problems*. Cambridge: Cambridge University Press.

Chasek, Pamela S., David L. Downing, Janet Welsh Brown, and David Leonard Downie. 2006. *Global Environmental Politics* (*Dilemmas in World Politics*). Boulder: Westview Press.

Cheng, Fang-Ting. 2009. "The Kyoto Protocol and Japan's Environmental Diplomacy: Japan's Role in Global Climate Change Negotiation after 1997." Paper presented at the Association of International Relations (AIR) 2009 Annual Meeting, Chia-Yi, May 1.

Clarke, John N., and Geoffrey R. Edwards, eds. 2004. *Global Governance in the Twenty−First Century*. Basingstoke and New York: Palgrave Macmillan.

Clarke, Leon, Jae Edmonds, Volker Krey, Richard Richels, Steven Rose, Massimo Tavoni. 2009. "International Climate Policy Architectures: Overview of the EMF 22 International Scenarios." *Energy Economics* 31: 64–81.

Clémençon, Raymond. 2008. "The Bali Road Map: A First Step on the Difficult Journey to a Post-Kyoto Protocol Agreement." *The Journal of Environment Development* 17: 70–94.

Colgan, Jeff D., Robert O. Keohane, and Thijs Van de Graaf. 2011. "Punctuated Equilibrium in the Energy Regime Complex." *Review of International Organizations* 7: 117–143.

Dalby, Simon. 2002. *Environmental Security*. Minneapolis: University of Minnesota Press.

Daynes, Byron W. and Glen Sussman. 2010. "Economic Hard Times and Environmental Policy: President Barack Obama and Global Climate Change." Paper presented at the 2010 Annual Meeting of the American Political Science Association, Washington, D.C., September 2–5.

Death, Carl. 2008. "No WSSD+5? Global Environmental Diplomacy in the Twenty-First Century." *Environmental Politics* 17: 121–125

Detraz, Nicole. 2011. "Threats or Vulnerabilities? Assessing the Link between Climate Change and Security." *Global Environmental Politics* 11: 104–120.

Drezner, Daniel W. 2006. "The Viscosity of Global Governance: When Is Forum-Shopping Expensive?" Paper presented at the 2006 American Political Science Association annual meeting, Philadelphia, August 31–September 3.

———. 2007. *All Politics Is Global: Explaining International Regulatory Regime*. Princeton: Princeton University Press.

Driesen, David M., ed. 2010. *Economic Thought and U.S. Climate Change Policy*. American and Comparative Environmental Policy Series. Cambridge,

Massachusetts: MIT Press.

Falkner, Robert, Hannes R. Stephan, and John Vogler. 2010. "International Climate Policy after Copenhagen: Towards a 'Building Blocks' Approach." *Global Policy* 1: 252–262.

Fox, John, and François Godeman. 2009. *A Power Audit of EU-China Relations*. London: European Council on Foreign Relations.

Fukushima, Kiyohiro. 2008. "The Fukuda Vision on Climate Change: A Step in the Right Direction but Woefully Inadequate." *Rikkyo Economic Research* 62: 95–112.

Giddens, Anthony. 2008. *The Politics of Climate Change*. Cambridge: Polity Press.

Gow, Jeff. 2013. "Challenges for Global Health Governance in Responding to the Impacts of Climate Change on Human Health." In Timothy Cadman, ed. *Climate Change and Global Policy Regimes: Towards Institutional Legitimacy*, 125–137. Basingstoke and New York: Palgrave Macmillan.

Grieco, Joseph M. 1993. "Anarchy and the Limits of Cooperation: A Realist Critique of the Newest Liberal Institutionalism." In David A. Baldwin, ed. *Neorealism and Neoliberalism: The Contemporary Debate*, 301–338. New York: Columbia University Press.

Grubb, Michael. 1995. "Seeking Fair Weather: Ethics and the International Debate on Climate Change." *International Affairs* 71: 463–496.

———. 2010. "Copenhagen: Back to the Future?" *Climate Policy* 10: 127–130.

Gupta, Joyeeta, and Lasse Ringius. 2001. "The EU's Climate Leadership: Reconciling Ambition and Reality." *International Environmental Agreements: Politics, Law and Economics* 1: 281–299.

Haas, Peter M., Robert O. Keohane, and Marc A. Levy. 1993. "Improving the Effectiveness of International Environmental Institutions." In Peter M. Haas, Robert O. Keohane and Marc A. Levy, eds. *Institutions for the Earth: Sources of Effective International Environmental Protection*, 397–426. Cambridge, Massachusetts: MIT Press.

———, eds. 2001. *Institutions for the Earth: Sources of Effective International Environmental Protection* (the 4th Printing). Cambridge, Massachusetts: MIT Press.

Hajer, Maarten A. 1997. *The Politics of Environmental Discourse: Ecological*

*Modernization and the Policy Process*. Oxford: Oxford University Press.

Hardin, Garrett. 1968. "The Tragedy of the Commons." *Science* 162: 1243–1248.

Harris, Paul G. 2007. *Europe and Global Climate Change: Politics, Foreign Policy and Regional Cooperation*. Cheltenham: Edward Elgar Publishing

Harrison, Kathryn, and Lisa McIntosh Sundstrom. 2007. "The Comparative Politics of Climate Change." *Global Environmental Politics* 7: 1–18.

Hatch, Michael T. 2003. "Chinese Politics, Energy Policy and the International Climate Change Negotiations." In Paul G. Harris, ed. *Global Warming and East Asia: The Domestic and International Politics of Climate Change*, 43–65. New York: Routledge.

Helm, Dieter. 2008. "Climate-Change Policy: Why Has So Little Been Achieved?" *Oxford Review of Economic Policy* 24: 211–238.

Hey, Ellen. 2001. "The Climate Change Regime: An Enviro-Economic Problem and International Administrative Law in the Making." *International Environmental Agreements: Politics, Law and Economics* 1: 75–100.

Homer-Dixon, Thomas F. 1991. "On the Threshold: Environmental Changes as Causes of Acute Conflict." *International Security* 12: 76–116.

———. 1999. *Environment, Scarcity, and Violence*. Princeton, New Jersey: Princeton University Press.

Hovi, Jon, Tora Skodvin, and Steinar Andresen. 2003. "The Persistence of the Kyoto Protocol: Why Other Annex I Countries Move on without the United States." *Global Environmental Politics* 3: 1–23.

Huettner, Michael, Annette Freibauer, Constanze Haug, and Uwe Cantner. 2010. "Regaining Momentum for International Climate Policy beyond Copenhagen." *Carbon Balance and Management* 5: 1–8.

Hufbauer, Gary Clyde, and Jisun Kim. 2010. "Reaching a Global Agreement on Climate Change: What Are the Obstacles?" *Asian Economic Policy Review* 5: 39–58.

Hyun, In-Taek, and Miranda A. Schreurs, eds. 2007. *The Environmental Dimension of Asian Security: Conflict and Cooperation over Energy, Resources, and Pollution*. Washington, D.C.: United States Institute of Peace Press.

International Energy Agency (IEA). 2010. *$CO_2$ Emission from Fuel Combustion*. Paris.

———. 2010. *World Energy Outlook 2010*. Paris.

———. 2011. *$CO_2$ Emissions from Fuel Combustion–2011 Highlights*, Paris.

Intergovernmental Panel on Climate Change (IPCC). 2007. *Contribution of Working Groups I, II and III to the Fourth Assessment Report of the Intergovernmental Panel on Climate Change*. Geneva, Switzerland.

———. 2014. *Climate Change 2014: Synthesis Report. Contribution of Working Groups I, II and III to the Fifth Assessment Report of the Intergovernmental Panel on Climate Change*. Geneva, Switzerland.

Kameyama, Yasuko. 2004. "The Future Climate Regime: A Regional Comparison of Proposals." *International Environmental Agreements: Politics, Law and Economics* 4: 307–326.

Kasa, Sjur, Anne T. Gullberg, and Gørild Heggelund. 2008. "The Group of 77 in the International Climate Negotiations: Recent Developments and Future Directions." *International Environmental Agreements* 8: 113–127.

Katzenstein, Peter J., Robert O. Keohane, and Stephen D. Krasner, eds. 1999. *Exploration and Contestation in the Study of World Politics*. Cambridge, Massachusetts: MIT Press.

Kellow, Aynsley, and Sonja Boehmer-Christiansen, eds. 2010. *The International Politics of Climate Change*. Cheltenham: Elgar, Edward Publishing.

Keohane, Robert O., and Kal Raustiala. 2008. *Toward a Post-Kyoto Climate Change Architecture: A Political Analysis*. Harvard Project on International Climate Agreements Discussion Paper 08–01.

———. 2010. "Towards a Post-Kyoto Climate Change Architecture: A Political Analysis." In Joseph A. Aldy and Robert N. Stavins, eds. *Post-Kyoto International Climate Change Policy: Implementing Architecture for Agreement*, 372–402. Cambridge: Cambridge University Press.

Keohane, Robert O. 1983. "The Demand for International Regimes." In Stephen D. Krasner, ed. *International Regime*, 141–172. Ithaca, New York: Cornell University Press.

———. 1984. *After Hegemony: Cooperation and Discord in the World Political Economy*. Princeton: Princeton University Press.

———. 1989. *International Institutions and State Power: Essays in International Relations Theory*. Boulder: Westview Press.

———. 2001. "Governance in a Partially Globalized World." *American Political Science Review* 95: 1–13.

Keohane, Robert O., and David G. Victor. 2010. "The Regime Complex for Climate Change." *Discussion Paper 2010–33.* Cambridge, Massachusetts: Harvard Project on International Climate Agreements.

———. 2011. "The Regime Complex for Climate Change." *Perspectives on Politics* 9: 7–23.

Keohane, Robert O., and Joseph S. Nye. 1977. *Power and Interdependence: World Politics in Transition.* Boston: Little, Brown and Company.

Kjellén, Bo. 2008. *A New Diplomacy for Sustainable Development: The Challenge of Global Change.* New York: Routledge.

Krasner, Stephen D., ed. 1983. *International Regimes.* Ithaca, New York: Cornell University Press.

Kristin, Rosendal G. 2001. "Impacts of Overlapping International Regimes: The Case of Biodiversity." *Global Governance* 7: 95–117.

Levy, David L. 2004. "Business and the Evolution of the Climate Regime: The Dynamics of Corporate Strategies." In David L. Levy and Peter J. Newell, eds. *The Business of Global Environmental Governance*, 73–104. Cambridge, Massachusetts: MIT Press.

Lewis, Joanna I. 2007. "China's Strategic Priorities in International Climate Change Negotiations." *The Washington Quarterly* 31: 155–174.

Lombardi, Domenico, and Ngaire Woods. 2008. "The Politics of Influence: An Analysis of IMF Surveillance." *The Review of International Political Economy* 15: 711–739

Luterbacher, Urs, and Carla Norrlöf. 2001. "The Organization of World Trade and the Climate Regime." In Urs Luterbacher and Detlef F. Sprinz, eds. *International Relations and Global Climate Change Cambridge*, 279–296. Cambridge, Massachusetts: MIT Press.

Luterbacher, Urs, and Detlef F. Sprinz, eds. 2001. *International Relations and Global Climate Change.* Cambridge, Massachusetts: MIT Press.

———. 2001. "Problems of Global Environmental Cooperation." In Urs Luterbacher and Detlef F. Sprinz, eds. *International Relations and Global Climate Change*, 3–22. Cambridge, Massachusetts: MIT Press.

March, James G., and Johan P. Olsen. 1999. "The Institutional Dynamics of International Political Orders." In Peter J. Katzenstein, Robert O. Keohane and Stephen D. Krasner, eds. *Exploration and Contestation in the Study of World Politics*, 303-330. Cambridge, Massachusetts: MIT Press.

Matthews, John C. 1996. "Current Gains and Future Outcomes: When Cumulative Relative Gains Matter." *International Security* 21: 112-146.

McGee, Jeffrey, and Ros Taplin. 2009. "The Role of the Asia Pacific Partnership in Discursive Contestation of the International Climate Regime." *International Environmental Agreements* 9: 213-238.

McKibbin, Warwick J., and Peter J. Wilcoxen. 1997. "A Better Way to Slow Global Climate Change." *Brookings Policy Brief* 17. Washington, D.C.: Brookings Institution.

———. 2000. *Moving beyond Kyoto. Brookings Policy Brief* 66. Washington, D.C.: Brookings Institution.

———. 2002. *Climate Change Policy after Kyoto: Blueprint for a Realistic Approach.* Washington, D.C.: Brookings Institution.

Metz, Bert, and Mike Hulme, eds. 2005. *Climate Policy Options Post-2012: European Strategy, Technology and Adaptation after Kyoto.* Cambridge: Cambridge University Press.

Morgenstern, Richard D. 1991. "Towards a Comprehensive Approach to Global Climate Change Mitigation." *The American Economic Review* 81: 140-145.

Müller, Benito. 2010. "Copenhagen 2009-Failure or Final Wake-up Call for Our Leaders?" *Oxford Institute for Energy Studies*, EV 49.

O'Brien, Robert, and Marc Williams. 2004. *Global Political Economy: Evolution and Dynamics.* Basingstoke and New York: Palgrave Macmillan.

O'Neill, Kate. 2009. *The Environment and International Relations.* Cambridge: Cambridge University Press.

Oberthür, Sebastian, and Thomas Gehring, eds. 2006. *Institutional Interaction in Global Environmental Governance: Synergy and Conflict among International and EU Policies.* Cambridge, Massachusetts: MIT Press.

Ott, Hermann E. 2002. "Warning Signs from Delhi: Troubled Waters Ahead for Global Climate Policy." *Yearbook of International Environmental Law* 13: 261-270.

Parikh, Jyoti. 1994. "North-South Issues for Climate Change." *Economic and Political Weekly* 29: 2940–2943.

Park, Jacob, Ken Conca, and Matthias Finger. 2008. *The Crisis of Global Environmental Governance: Towards a New Political Economy of Sustainability*. New York: Routledge.

Paterson, Matthew, and Michael Grubb. 1992. "The International Politics of Climate Change." *International Affairs* 68: 293–310.

———, eds. 1996. *Sharing the Effort: Options for Differentiating Commitments on Climate Change*. London: Royal Institute for International Affairs.

Paterson, Matthew. 1996. *Global Warming and Global Politics*. London: Routledge.

———. 2000. *Understanding Global Environmental Politics: Domination, Accumulation, Resistance*. Basingstoke and New York: Palgrave Macmillan.

———. 2001. "Principles of Justice in the Context of Climate Change." In Urs Luterbacher and D. F. Sprinz, eds. *International Relations and Global Climate Change*, 119–126. Cambridge, Massachusetts: MIT Press.

Peterson, Everett B., Joachim Schleich, and Vicki Duscha. 2011. "Environmental and Economic Effects of the Copenhagen Pledges and More Ambitious Emission Reduction Targets." *Energy Policy* 39: 3697–3708.

Petsonk, Annie. 2009. "Docking Stations: Designing a More Welcoming Architecture for a Post-2012 Framework to Combat Climate Change." *Duke Journal of Comparative and International Law* 19: 433–466.

Podesta, John, and Peter Ogden. 2008. "Security Implications of Climate Scenario 1: Expected Climate Change over the Next Thirty Years." In Kurt M. Campbell, ed. *Climatic Cataclysm: The Foreign Policy and National Security Implications of Climate Change*, 97–132. Washington, D.C.: Brookings Institution Press.

Porter, Gareth, and Janet Welsh Brown. 2000. *Global Environmental Politics*. Boulder: Westview Press.

Raustiala, Kal, and David G. Victor. 2004. "The Regime Complex for Plant Genetic Resources." *International Organization* 58: 277–309.

Raustiala, Kal. 1997. "States, NGOs, and International Environmental Institutions." *International Studies Quarterly* 41: 719–740.

Ravindranath, Nijavalli H., and Jayant A. Sathaye. 2002. *Climate Change and Developing*

*Countries*. Dordrecht, Boston: Kluwer Academic Publishers.

Roberts, J. Timmons, and Bradley C. Parks. 2007. *A Climate of Injustice: Global Inequality, North-South Politics, and Climate Policy*. Cambridge, Massachusetts: MIT Press.

Rose, Nick. 2013. "Food Security, Food Sovereignty, and Global Governance Regimes in the Context of Climate Change and Food Availability." In Timothy Cadman, ed. *Climate Change and Global Policy Regimes: Towards Institutional Legitimacy*, 157-172. Basingstoke and New York: Palgrave Macmillan.

Rowlands, Ian H. 2001. "Classical Theories of International Relations." In Urs Luterbacher and Detlef F. Sprinz, eds. *International Relations and Global Climate Change*, 43-65. Cambridge, Massachusetts: MIT Press.

Rowlands, Ian H., and Malory Greene, eds. 1992. *Global Environmental Change and International Relations*. Basingstoke and New York: Palgrave Macmillan.

Ruggie, John Gerard. 1986. "Continuity and Transformation in the World Polity." In Robert O. Keohane, ed. *Neorealism and Its Critics*, 131-157. New York: Columbia University Press.

Rüdiger, Wurzel, and James Connelly. 2010. *The European Union as a Leader in International Climate Change Politics*. Abingdon: Routledge.

Schelling, Thomas. 1996. "The Economic Diplomacy of Geoengineering." *Climate Change* 33: 303-307.

Schneider, Stephen H. 1998. "The Kyoto Protocol: The Unfinished Agenda." *Climate Change* 39: 1-21.

Schreurs, Miranda A. 1995. "Policy Laggard or Policy Leader? Global Environmental Policy-Making under the Liberal Democratic Party." *Journal of Pacific Asia* 2: 3-33.

———. 2005. "Global Environment Threats and a Divided Northern Community." *International Environmental Agreements: Politics, Law and Economics* 5: 349-376.

———. 2007. "Multi-Level Reinforcement: Explaining European Union Leadership in Climate Change Mitigation." *Global Environmental Politics* 7: 19-46.

———. 2010. "Multi-Level Governance and Global Climate Change in East Asia." *Asian Economic Policy Review* 5: 88-105.

Schreurs, Miranda A., Henrik Selin, and Stacy D. VanDeveer, eds. 2009. *Transatlantic Environment and Energy Politics: Comparative and International Perspectives.* Farnham, Surrey: Ashgate.

Schreurs, Miranda A., and Elizabeth Economy, eds. 1997. *The Internationalization of Environmental Protection.* Cambridge: Cambridge University Press.

Schwartz, Peter, and Doug Randall. 2003. *An Abrupt Climate Change Scenario and Its Implications for United States National Security.* Washington, D.C.: Pentagon, the United States of America.

Scott, Shirley V. 2004. *International Law in World Politics: An Introduction.* Boulder: Lynne Rienner Publishers.

Sebenius, James K. 1991. "Crafting a Winning Coalition: Negotiating a Regime to Control Global Warming." In Jessica Tuchman Mathews, ed. *Greenhouse Warming: Negotiation a Global Regime*, 69–98. Washington, D.C.: World Resources Institute.

Shearer, Allan W. 2005. "Whether the Weather: Comments on an Abrupt Climate Change Scenario and Its Implications for United States National Security." *Futures* 37: 445–463.

Simmons, Beth A. 2000. "International Law and State Behavior: Commitment and Compliance in International Monetary Affairs." *The American Political Science Review* 94: 819–835.

Smith, Julianne, and Alexander T. J. Lennon. 2008. "Setting the Negotiation Table: The Race to Replace Kyoto by 2012." In Kurt M. Campbell, ed. *Climatic Cataclysm: The Foreign Policy and National Security Implications of Climate Change*, 191–212. Washington, D.C.: Brookings Institution Press.

Soroos, Marvin S. 2001. "Global Climate Change and the Futility of the Kyoto Process." *Global Environmental Politics* 1: 1–9.

Speth, James Gustave, and Peter M. Haas. 2006. *Global Environmental Governance.* Washington, D.C.: Island Press.

Speth, James Gustave. 2008. *The Bridge at the Edge of the World: Capitalism, the Environment, and Crossing from Crisis to Sustainability.* New Haven: Yale University Press.

Sprinz, Detlef F., and Tapani Vaahtoranta. 1994. "The Interest-Based Explanation of International Environmental Policy." *International Organization* 48: 77–105.

———. 2002. "National Self-Interest: A Major Factor in International Environmental Policy Formulation." In Mostafa K. Tolba, ed. *Encyclopedia of Global Environmental Change*, 323–328. Chichester: John Wiley & Sons.

Sprinz, Detlet F., and Martin Weib. 2001. "Domestic Politics and Global Climate Policy." In Urs Luterbacher and Detlef F. Sprinz, eds. *International Relations and Global Climate Change*, 67–94. Cambridge, Massachusetts: MIT Press.

Sterling-Folker, Jennifer. 1997. "Realist Environment, Liberal Process, and Domestic-Level Variables." *International Studies Quarterly* 41: 1–25.

Stern, Nicolas. 2007. *The Economics of Climate Change: The Stern Review*. Cambridge: Cambridge University Press.

Stewart, Richard B., and Jonathan B. Wiener. 2003. *Reconstructing Climate Policy beyond Kyoto*. Washington, D.C.: American Enterprise Institute Press.

Sunstein, Cass R. 2007. "Of Montreal and Kyoto: A Tale of Two Protocols." *Harvard Environmental Law Review* 31: 1–65.

Susskind, Lawrence E. 1994. *Environmental Diplomacy: Negotiating More Effective Global Agreements*. New York: Oxford University Press.

Susskind, Lawrence, William Moomaw, and Kevin Gallagher, eds. 2002. *Trans-boundary Environmental Negotiation: New Approaches to Global Cooperation*. San Francisco, California: Jossey-Bass.

Sussman, Brian. 2010. *Climategate: A Veteran Meteorologist Exposes the Global Warming Scam*. Washington, D.C.: WND Books.

Tangen, Kristian. 2010. "The Odd Couple? The Merits of Two Tracks in the International Climate Change Negotiations." *Briefing Paper* 59. The Finnish Institute of International Affair.

Thompson, Alexander. 2006. "Management under Anarchy: The International Politics of Climate Change." *Climate Change* 78: 7–29.

Tompkins, Emma L., and Helene Amundsen. 2008. "Perceptions of the Effectiveness of the United Nations Framework Convention on Climate Change in Advancing National Action on Climate Change." *Environmental Science & Policy* 11: 1–13.

Tsuyoshi, Kawasaki. 2006. "Neither Skepticism nor Romanticism: The ASEAN Regional Forum as a Solution for the Asia-Pacific Assurance Game." *The Pacific Review* 19: 219–237.

UN Security Council. 2007. "Security Council Holds First-Ever Debate on Impact of Climate Change on Peace, Security, Hearing over 50 Speakers." SC/9000, the 5663rd Meeting, UN Headquarters, New York.

———. 2011. "Implications of Climate Change Important When Climate Impacts Drive Conflict." SC/10332, the 6587th Meeting, UN Headquarters, New York.

UNDP. 1994. *Human Development Report.*

UNFCCC. 2007. "Decision 1/CP.13, Bali Action Plan."

Vanderheiden, Steve. 2008. *Atmospheric Justice: A Political Theory of Climate Change.* New York: Oxford University Press.

Vezirgiannidou, Sevasti-Eleni. 2008. "The Kyoto Agreement and the Pursuit of Relative Gains." *Environmental Politics* 17: 40-57.

———. 2009. "The Climate Change Regime Post-Kyoto: Why Compliance Is Important and How to Achieve It." *Global Environmental Politics* 9: 41-63.

Victor, David G. 2006. "Towards Effective International Cooperation on Climate Change: Numbers, Interests and Institutions." *Global Environmental Politics* 6: 90-103.

———. 2007. "Fragmented Carbon Markets and Reluctant Nations: Implications for the Design of Effective Architectures." In Joseph E. Aldy and Robert N. Stavins, eds. *Architectures for Agreement: Addressing Global Climate Change in the Post-Kyoto World*, 133-160. Cambridge: Cambridge University Press.

———. 2011. *Global Warming Gridlock: Creating More Effective Strategies for Protecting the Planet.* Cambridge: Cambridge University Press.

Victor, David G., Jushua C. House, and Sarah Joy. 2005. "A Madisonian Approach to Climate Policy." *Science* 309: 1820-1821.

Viotti, Pail R., and Mark V. Kauppi, eds. 1993. *International Relations Theory: Realism, Pluralism, Globalism.* New York: Macmillan.

Vogler, John, and Charlotte Bretherton. 2006. "The European Union as a Protagonist to the United States on Climate Change." *International Studies Perspectives* 7: 1-22.

Vogler, John. 2010. "The European Union as a Global Environmental Policy Actor: Climate Change." In Wurzel Rüdiger and James Connelly, eds. *The European Union as a Leader in International Climate Change Politics*, 21-38. Abingdon: Routledge.

Ward, Hugh, Frank Grundig, and Ethan R. Zorick. 2001. "Marching at the Pace of the

Slower: A Model of International Climate Change Negotiations." *Political Studies* 49: 438–461.

Wiegandt, Ellen. 2001. "Climate Change, Equity, and International Negotiations." In Urs Luterbacher and D. F. Sprinz, eds. *International Relations and Global Climate Change*, 127–150. Cambridge, Massachusetts: MIT Press.

Yandle, Bruce, and Stuart Buck. 2002. "Bootleggers, Baptists, and the Global Warming Battle." *Harvard Environmental Law Review* 26: 177–229.

Young, Oran R. 1980. "International Regimes: Problems of Concept Formation." *World Politics* 32: 331–356.

———. 1982. "Regime Dynamics: The Rise and Fall of International Regimes." *International Organization* 40: 777–813.

———. 1989. *International Cooperation: Building Regimes for Natural Resources and the Environment*. Ithaca, New York: Cornell University Press.

———. 1994. *International Governance: Protecting the Environment in a Stateless Society*. Ithaca, New York: Cornell University Press.

———. 1997. *Global Governance: Drawing Insights from the Environmental Experience*. Cambridge, Massachusetts: MIT Press.

Zartman, I. William. 1992. "International Environmental Negotiation: Challenges for Analysis and Practice." *Negotiation Journal* 8: 113–123.

Zhang, Zhihong. 2003. "The Forces behind China's Climate Change Policy: Interest, Sovereignty, and Presitige." In Paul G. Harris, ed. *Global Warming and East Asia: The Domestic and International Politics of Climate Change*, 66–85. New York: Routledge.

———. 2012. *Climate Extremes: Recent Trends with Implications for National Security*. Cambridge, Massachusetts: Harvard University Center for the Environment.

**【日本語文献】（五十音順）**

「気候変動 2007：統合報告書――政策決定者向け要約」『IPCC 第四次評価報告書』環境省、2007 年 11 月 17 日。

「気候変動 2013：自然科学的根拠――政策決定者向け要約（暫定訳）」『IPCC 第五次評価報告書　第一作業部会報告書』気象庁、2013 年 9 月 27 日。

S. オーバーテュアー、H・E・オット（国際比較環境法センター、地球環境戦略研究機関訳、岩間徹、磯崎博司監訳)、2001『京都議定書：二十一世紀の国際気候政策』東京：シュプリンガー・ジャパン。
ガレス・ポーター、ジャネット・W・ブラウン（信夫隆司訳)、1993『地球環境政治――地球環境問題の国際政治学』東京：国際書院。
さがら邦夫、2000『新・南北問題――地球温暖化からみた二十一世紀の構図』東京：藤原書店。
佐々木高成、2011「オバマ政権の対中国経済戦略の特徴」『季刊　国際貿易と投資』83号、3-18頁。
ディンヤル・ゴドレージュ（戸田清訳)、2004『気候変動：水没する地球』東京：青土社。
蟹江憲史、2004『環境政治学入門――地球環境問題の国際的解決へのアプローチ』東京：丸善。
亀山康子、2002「地球環境問題をめぐる国際的取り組み」森田恒幸、天野明弘編著『地球環境問題とグローバル・コミュニティ』東京：岩波書店。
久保文明、2008「G・W・ブッシュ政権の環境保護政策――地球温暖化問題を中心に」『国際問題』572号、33-45頁。
工藤献、2010「非伝統的安全保障理論的展開に関する分析」『立命館法政論集』8号、218-260頁。
高村ゆかり、亀山康子編著、2002『京都議定書の国際制度――地球温暖化交渉の到達点――』東京：信山社。
高村ゆかり、2004「温暖化防止の国際政治学（1）京都会議以降の地球温暖化交渉」『森林環境2004』2-12頁。
―――、2008「地球温暖化交渉の十年――その到達点と課題」『環境と公害』37巻、4号、46-52頁。
山田高敬、2008「環境に関する国際秩序形成――G8サミットの役割」『国際問題』572号、10-21頁。
山本吉宣、2008『国際レジームとガバナンス』東京：有斐閣。
小西雅子、2009『地球温暖化の最前線』東京：岩波書店。
小柳秀明、2011「高度経済成長下の中国環境問題――第12次5カ年計画が示す処方箋――」（独）科学技術振興機構中国総合センター第41回研究会、東京、4月20日。
小林誠、2016「小島嶼国・ツバルからみた『パリ協定』後の気候変動対応――緩和・適応・損失と損害」『アジ研ワールド・トレンド / 特集：「パリ協定」後の気候変動対応』246号、30-33頁。

上野貴弘、2008「複数制度化する温暖化防止の国際枠組――京都議定書、G8 サミット、アジア太平洋パートナーシップの並存状況の分析」電力中央研究所社会経済研究所研究報告。

植村昭三、2013「グローバル時代における知的財産権制度の潮流」『日本大学知財ジャーナル』6 号、5-18 頁。

島本美保子、2010「森林の持続可能性と国際貿易」『貿易と関税』59 巻、5 号、18-32 頁。

杉山昌弘、2011『気候工学入門――新たな温暖化対策ジオエンジニアリング』東京：日刊工業新聞社。

西山香織、2009「アジアの地域金融協力――ASEAN+3 とチェンマイ・イニシアティブのマルチ化」『ファイナンス』6 月号、14-17 頁。

浅見政江、2000「欧州連合の環境外交に関する一考察」『国際研究論集』12 号、94-114 頁。

足立研幾、2011「重複レジーム間の調整に関する一考察」『立命館国際研究』23 巻、3 号、423-438 頁。

村瀬信也、2008「気候変動に関する科学的知見と国際立法」『国際問題』572 号、46-58 頁。

太田宏、2002「京都議定書の意義と国際社会」『国際問題』508 号、48-64 頁。

大矢根聡、2003「コンストラクティヴィズムの分析射程――理論的検討と規範の衝突・調整の事例分析」研究報告、日本国際政治学会 2003 年度研究大会、つくば市、10 月 17 日～ 19 日。

谷口誠、2001『二十一世紀の南北問題――グローバル化時代の挑戦』アジア太平洋研究選書：早稲田大学出版部。

竹内敬二、1998『地球温暖化の政治学』東京：朝日新聞社。

鄭方婷、大塚健司、2016「特集にあたって」『アジ研ワールド・トレンド / 特集：「パリ協定」後の気候変動対応』246 号、2-3 頁。

鄭方婷、2011「気候変動問題の国連交渉に対する検討――『ツー・トラック』を中心に――」『問題と研究』40 巻、4 号、135-167 頁。

―――、2013『「京都議定書」後の環境外交』津：三重大学出版会。

―――、2015「2015 年『パリ合意』を目指す気候変動交渉――『すべての締約国』は、合意できるか ?」『アジ研ワールド・トレンド』234 号、51-55 頁。

―――、2016「『パリ協定』――気候変動交渉の転換点」『アジ研ワールド・トレンド / 特集：「パリ協定」後の気候変動対応』246 号、4-7 頁。

田村堅太郎、2013「ドーハを読み解く：ダーバン・プラットフォーム」『クライメート・エッジ』16 号、<http：//climate-edge.net/>。

徳光祐二郎、2009「（書評論文）アナーキー下のアクター間の協力の困難と可能性」『IPSHU 研究報告シリーズ』42 号、90-101 頁。

白昌宰、中戸祐夫、浅羽祐樹、2008「覇権と国際政治経済秩序：覇権安定論の批判的評価」『立命館国際研究』20 巻、3 号、243-260 頁。

平田仁子、2001「地球温暖化交渉における米政権と日本の対応」『進歩と改革』595 号、69-75 頁。

米本昌平、2011『地球変動のポリティクス――温暖化という脅威』東京：弘文堂。

毛利勝彦、2008『環境と開発のためのグローバル秩序』東京：東信堂。

柳瀬明彦、2003「地球温暖化交渉と国際協調の理論：準備的考察」NUCB Journal of Economics and Information Science、47 巻、2 号、327-336 頁。

## 【中国語文献】（画数順）

中国国家発展改革委員会（NDRC）、2009『中国应对气候变化的政策与行动――2009 年度报告』（気候変動の政策と行動へ中国の対応――2009 年度報告書）。

―――、2009『落实巴厘岛路线图――中国政府关于哥本哈根气候变化会议的立场』（バリ・ロードマップの実践――コペンハーゲン気候変動会議に関する中国政府の立場）。

―――、2010『中国应对气候变化的政策与行动――2010 年度报告』（気候変動の政策と行動へ中国の対応――2010 年度報告書）。

中国国務院、2006『中国的环境保护（1996-2005）』（中国の環境保護――（1996-2005））。

―――、2007『中国应对气候变化国家方案』（中国気候変動対応国家方案）。

―――、2007『节能减排综合性工作方案』（省エネ・排出削減に関する総合工作対策）。

―――、2008『中国应对气候变化的政策与行动』（気候変動の政策と行動への中国の対応）。

中国国務院科技部、中国气象局和中国科学院、2006『气候变化国家评估报告』（気候変動に関する国家評価報告書）。

王偉光、鄭国光、潘家華、羅勇、陳迎編著、2010『应对气候变化报告 2010：坎昆的挑战与中国的行动』（気候変動への対応に関するレポート 2010：カンクンへの挑戦と中国の行動）北京：社会科学文献出版社。

荘貴陽、朱仙麗、趙行姝、2009『全球环境与气候治理』（地球環境と気候ガバナンス）杭州市：浙江人民出版社。

荘貴陽、2005『国际気候制度与中国』（国際気候制度と中国）北京：世界知識出版社。

胡鞍鋼、管清友、2009『中国应对全球气候变化』（地球規模の気候変動に対する中国の対応）北京：清華大学出版社。

潘家華、荘貴陽、陳迎、2005「气候变化二十国领导人会议模式与发展中国家的参与」（気候変動に関する 20 カ国首脳会議と途上国の参加）『世界経済与政治』10 号、52-57 頁。

潘家華、蒋尉、2007「从中美战略对话角度透视能源和环保问题」（米中戦略対話の視点から見たエネルギーと環境保全問題）『国際経済評論』5 号、53-56 頁。

潘家華、2005「后京都国际气候协定的谈判趋势与对策思考」（ポスト京都議定書の国際気候協定交渉の動向と可能な対策）『气候变化研究進展』1 号、10-15 頁。

———、2007「气候变化中的强强博弈」（気候変動における大国間ゲーム）『城市中国』21 号、25-28 頁。

———、2009「和谐竞争：中美气候合作的基调」（平和競争：米中気候変動協力の基本路線）『中国党政幹部論壇』6 号、42-44 頁。

陳剛、2009「气候变化与中国政治」（気候変動と中国政治）『二十一世紀』111 号、55-64 頁。

張海浜、1998「中国环境外交的演变」（中国の環境外交の変遷）『世界政治与経済』11 号、12-15 頁。

———、2008『环境与国际关係：全球环境问题的理性思考』（環境と国際関係：地球環境問題における合理的思考）上海：上海人民出版社。

———、2010『气候变化与中国国家安全』（気候変動と中国の国家安全）北京：時事出版社。

楊潔勉編著、2009『世界气候外交和中国的应对』（世界気候外交と中国の対応）北京：時事出版社。

薄燕、2007『国际谈判与国内政治：美国与《京都议定书》谈判的实例』（国際交渉と国内政治：米国と《京都議定書》交渉の事例）上海：三聯書店。

## 【インターネット資料・データベース】（アルファベット順・五十音順）

International Institute for Sustainable Development (IISD): Climate Change Meetings Covered by Earth Negotiation Bulletin
<http://www.iisd.ca/process/climate_atm.htm>

Major Economies Forum on Energy and Climate(MEF)
<http://www.majoreconomiesforum.org/>

The Asia-Pacific Partnership on Clean Development and Climate (APP)
<http://www.asiapacificpartnership.jp/>

The U.S. White House <http://www.whitehouse.gov/>

The United Nations Framework Convention on Climate Change: Documents and

decisions <http://unfccc.int/2860.php>
The United States Department of State <http://www.state.gov/>
World Resources Institute, Climate Analysis Indicators Tool(CAIT 8.0)
<http://www.wri.org/>
東京大学東洋文化研究所「データベース：世界と日本」
<http://www.ioc.u-tokyo.ac.jp/ ~ worldjpn/>
新華通信社 <http://www.xinhua.org/>
人民日報 <http://www.people.com.cn/>
中国国務院 <http://www.gov.cn/>
日本国外務省 <http://www.mofa.go.jp/>
日本国環境省 <http://www.env.go.jp/>
日本国経済産業省 <http://www.meti.go.jp/>
日本国農林水産省 <http://www.maff.go.jp/>

# 付　録 I

## 一．コペンハーゲン合意の主な内容

### (一) 共通のビジョン

コペンハーゲン合意には、共通のビジョンについて明確には言及がないものの、IPCC 第 4 次評価報告書の意見に留意し、世界全体の気温上昇を摂氏 2 度以下とするには、世界全体排出量の大幅な削減が必要であることが強調されている。摂氏 2 度という目標は、欧州連合が 2005 年以降の主要国首脳会議で強く主張してきたものであり、コペンハーゲン合意において米国と、中国など経済新興国によって受け入れられた。

### (二) 緩和

緩和に関しては、先進国は社会、経済開発と貧困撲滅などが途上国の最優先課題であり、温室効果ガス排出量の頭打ち（ピークアウト）までに長い期間を与えるべきであることに理解を示した（合意第 2 項)。また、「開発途上国におけるピークアウトのための期間はさらに長いものである」ことを認識し、また、先進国の削減約束の明確化として「附属書 I 国は、個別に又は共同して、2020 年に向けた経済全体の数量化された排出目標を実施することを約束する（第 4 項)」[287)] とした。

合意では、緩和に関する途上国の行動が自主的な行為であるとしながらも、国別報告書により、2 年ごとに報告する義務が課された。また、緩和のための行動は、各国国内の MRV の対象となり、その結果も国別報告書により 2 年ごとに報告することとした。なお、NAMAs に国際的な支援を必要とする場合、国際的 MRV の対象となる（第 5 項)。緩和に関して、先進国と途上国のそれぞれの義務についての論争が激しくなり、特に、自国の自主的行動に MRV が課されることに途上国が強い懸念を示したが、コペンハーゲン合意の緩和に関する内容は、カンクン合意に至るまで基本的に変更されなかった。

### (三) 適応

途上国による緩和、適応、能力の開発、技術の開発と移転を強化するために拠出する資金について、先進国全体として2010年から2012年までに300億ドル、2020年まで1000億ドルの調達を約束した。加えて、条約の資金供与の制度実施機関として、コペンハーゲン・グリーン気候基金の設立を決定した（第8項）。

### (四) 資金と技術移転

技術移転に関しては、技術メカニズムの設立(第11項)を決定するとしたが、具体的な内容には触れなかった。

## 二. カンクン合意の主な内容

### (一) 共通のビジョン

共通のビジョンでは、締約国は「産業革命以来の地球全体の気温上昇を摂氏2度未満に抑制する長期目標を目指すこと」が確認された(第4段落)[288]。

### (二) 適応

カンクン合意では、適応に関する前進をより重視することを目的として、合意の第二部分として位置づけられている[289]。適応策の促進を目標としたカンクン適応枠組を策定する（第13段落）とともに、途上国に適応のための資金、技術、能力構築を提供するよう先進国に要請した(第18段落)[290]。さらに、条約の下で適応策を一層実行するために、カンクン合意では、適応委員会の設立を決定し、五つの機能を付与した（第20段落)。適応委員会の設立とその機能については、付録IIの一を参照。カンクン合意では、適応策の適切な実施及び改善に向けて、情報の公開と透明性の維持が強く求められている。特に先進国と途上国は、それぞれが支援の拠出先と受入先であるため、支援が適切に提供され、または運用されたかどうかを互いに監視する必要があるとされた。また、適応行動の実施と強化には、地方から地域、ないし多国間機関まで様々なレベルにわたる関連制度の関与が必要となることも、カンクン合意で認知されるようになった。

## （三）緩和

緩和に関しては、先進国と途上国との間で論争が行われていたが、コペンハーゲン合意よりも具体的な内容が定められた。カンクン合意は、先進国に対し、京都議定書の附属書I国の国別排出削減目標に留意し、削減目標水準の引き上げを要請した。また、市場原理メカニズムと森林吸収源の利用を含む先進国の排出削減目標の達成が認められた（第36-37段落）。先進国が約束した削減目標、緩和のために実施した行動、実際の削減量、そして予測される排出量、途上国への資金、技術及び能力構築支援について、国別報告書（National Communications）を通じて2年ごとに提示する、と定められた（第39段落）。特に、先進国が提出する国別報告書を評価する指針を強化すべきとされ、削減目標に関する排出量と削減量に対する比較可能な、信頼性を促す国際的な評価手順を確立するよう決定された（第42、第44段落）。また、先進国が国別に低炭素発展戦略・計画を策定すべきであると明記された（第45段落）。

途上国の緩和行動に関しては、NAMAsが自主的行動であることとされ、4年ごとに排出目録を含む国別報告書と、2年ごとにその更新報告書を提出すべきとされた（第60段落）。国際的な支援を必要としたNAMAsは、国内的かつ国際的なMRVの対象となり（第61段落）、途上国の隔年更新報告書に対しICAを行う。また「途上国の森林減少や劣化などの防止による排出削減対策」（REDDプラス）が合意文書に盛り込まれ、政策の推進活動の範囲と実施段階などを明確化し、実施のための資金調達制度を次の締約国会議（COP17：筆者）で定める（第69-77段落）とされた。これは、途上国による緩和活動の実効性やデータの信頼性を保障するために、インドによって提案されたものである。

### （四）資金と技術移転

カンクン合意では、資金及び技術に関する交渉が具体的な成果をあげたと言える。先進国の約束として、2010年から2012年まで300億ドルの新たな、かつ追加的な提供、及び2020年までに毎年合計1,000億ドルの資金を調達する目標が承認された。なお、透明性を維持するために、先進国による資源の提供、及び途上国による資源へのアクセスを含む情報の提出が要請された（第95–98段落）。さらに、GCFの創設を決定した。GCFの基本設計及びその発足に関しては、付録IIの二を参照。GCFの正式運営と資金の投入に関する交渉はCOP16以降も継続され、COP18において資金問題に関する決定が多く採択された。

技術開発及び移転に関しては、TECとCTC&Nを設立することが合意された（第117段落）。さらに、能力構築に関する位置づけと性質もカンクン合意で明確化された。TEC、CTC&Nと能力構築の目的とそれぞれの機能については、付録IIの三を参照。

## 三．ダーバン合意の主な内容

ダーバン会議では、2020年に向けた国際交渉のために新たな作業部会を立ち上げたほか、資金問題に関して、GCFに関する決定を採択し、基金の目的、原則と制度上のあり方について成果が得られた[291)]。緩和に関しては、先進国の行動と隔年国別報告書がIARのもとで評価された。一方で、国際的な支援を必要とする途上国の緩和活動、すなわちNAMAsはICAを受けることとされた。決定2/CP.17では、IARとICAの方針と手続き、先進国が提出する隔年国別報告書、途上国が提出する隔年更新報告書に関して、作成のための指針、適応委員会の活動内容、常設委員会の構成と作業方針、CTC&Nの委託事項、CTC&Nのホスト国に対する評価と選出の基準が作成された[292)]。

技術の開発と移転に関しては、TECのモダリティと手続きに関して充実した内容の合意が得られた[293)]。そのほか、「NAPsの作成」[294)]、「気候の影響、脆弱性、適応に関するナイロビ作業計画」[295]、「損失と被害に関する作業計画」[296]、「対応措置（response measures）[297]の実施の影響に関するフォーラムと作業計画」[298]、「後発開発途上国基金」[299]、「セーフガード[300]の対処・尊重の方法に関する情報提供システムに関する指針、及び森林参照排出レベル・森林参照レベルに関するモダリティ」[301]、「条約の下での能力構築」[302]、「非附属書I国による国別報告書の提出」[303]、「附属書I国による登録簿の作成指針の改訂」[304]に関する決定がなされ、目標、指針及び手続きをめぐって比較的詳細な内容が合意された。しかしダーバン会議では、京都議定書の延長問題、ポスト京都議定書の国際枠組の法的性格に関して妥協が得られにくかったため、交渉に時間がかかってしまった。これらの決定に関しては、国際制度の法文化には程遠く、さらに審議が必要とされた。

注

287）「コペンハーゲン合意」2009年12月18日、外務省仮訳：<http://www.mofa.go.jp/mofaj/gaiko/kankyo/kiko/cop15_decision.html>.

288）カンクン合意はCOP16におけるAWG-LCAの決定文書を指す。

289）Decision 1/CP.16, "The Cancun Agreements: Outcome of the Work of the Ad Hoc Working Group on Long-term Cooperative Action under the Convention," Part II, Enhanced Action on Adaptation, FCCC/CP/2010/7/Add.1, UNFCCC, March 15, 2011.

290）"Requests developed country Parties to provide developing country Parties, taking into account the needs of those that are particularly vulnerable, with long-term, scaled-up, predictable, new and additional finance, technology and capacity-building, consistent with relevant provisions, to implement urgent, short-, medium- and long-term adaptation actions, plans, programmes and projects at the local, national, subregional and regional levels, in and across different economic and social sectors and ecosystems, as well as to undertake the activities referred to in paragraphs 14-16 above and paragraphs 30, 32 and 33 below;" Decision 1/CP.16, Paragraph 18, FCCC/CP/2010/7/Add.1, UNFCCC, March 15, 2011.

291）Decision 3/CP.17, "Launching the Green Climate Fund," FCCC/CP/2011/9/Add.1, *Report of COP17,* UNFCCC, March 15, 2012.

292）Decision 2/CP.17, "Outcome of the Work of the Ad Hoc Working Group on Long-term Cooperative Action under the Convention," Annex I to Annex VIII, FCCC/CP/2011/9/Add.1, *Report of COP17*, UNFCCC, March 15, 2012.

293）Decision 4/CP.17, "Technology Executive Committee-Modalities and Procedures," FCCC/

CP/2011/9/Add.1, *Report of COP17*, UNFCCC, March 15, 2012.

294) Decision 5/CP.17, "National Adaptation Plans," FCCC/CP/2011/9/Add.1, *Report of COP17*, UNFCCC, March 15, 2012.

295) Decision 6/CP.17, "Nairobi Work Programme on Impacts, Vulnerability and Adaptation to Climate Change," FCCC/CP/2011/9/Add.1, *Report of COP17*, UNFCCC, March 15, 2012.

296) Decision 7/CP.17, "Work Programme on Loss and Damage," FCCC/CP/2011/9/Add.1, *Report of COP17*, UNFCCC, March 15, 2012.

297)「対応措置」とは、気候変動対策によって引き起こされる影響；また、気候変動対策の実施によって収入が減る産油国への補償に関する論点も含まれる。出典：「気候変動に関する意思決定ブリーフノート第 2 号」国立環境研究所、2009 年 9 月 15 日。

298) Decision 8/CP.17, "Forum and Work Programme on the Impact of the Implementation of Response Measures," FCCC/CP/2011/9/Add.1, *Report of COP17*, UNFCCC, March 15, 2012.

299) Decision 9/CP.17, "Least Developed Countries Fund," FCCC/CP/2011/9/Add.1, *Report of COP17*, UNFCCC, March 15, 2012.

300)「防止措置」とも称するセーフガードとは、REDD プラス活動の実施によって引き起こされる生物多様性保全や先住民と地域住民に対する悪影響を防ぐ措置である。

301) Decision 12/CP.17, "Guidance on Systems for Providing Information on How Safeguards are Addressed and Respected and Modalities Relating to Forest Reference Emission Levels and Forest Reference Levels as Referred to in Decision 1/CP.16," FCCC/CP/2011/9/Add.1, *Report of COP17*, UNFCCC, March 15, 2012.

302) Decision 13/CP.17, "Capacity-building under the Convention," FCCC/CP/2011/9/Add.1, *Report of COP17*, UNFCCC, March 15, 2012.

303) Decision 14/CP.17, "Work of the Consultative Group of Experts on National Communications from Parties not Included in Annex I to the Convention," FCCC/CP/2011/9/Add.1, *Report of COP17*, UNFCCC, March 15, 2012.

304) Decision 15/CP.17, "Revision of the UNFCCC Reporting Guidelines on Annual Inventories for Parties Included in Annex I to the Convention," FCCC/CP/2011/9/Add.1, *Report of COP17*, UNFCCC, March 15, 2012.

# 付　録　II

## 一.「適応委員会」の設立及びその機能（2010年・カンクン合意）

カンクン合意は、適応委員会の設立を決定し、五つの機能を付与した。まず、適応策の実施を促進する観点から、締約国主導というアプローチを尊重し、締約国に対して技術支援と指導を提供すること。次いで、伝統的な知識と実践を考慮し、ローカルからグローバルまで様々のレベルで関連情報、知識、経験、グッド・プラクティスの共有を強化すること。第三に、開発途上締約国において適応行動の実施を強化するために、国家、地域または国際的機関、センター及びネットワークの関与を強化し、相乗効果を促進すること。第四に、適応行動の実施を奨励するための手段、気候変動の悪影響へのレジリエンスの発展及び脆弱性の軽減に関するガイダンスを作成する締約国会議に対して、資金、技術及び能力構築を含む情報および推奨事項を提供すること。第五に、条約の下で報告された情報を含めて、締約国によって報告された適応行動への監視と見直し、提供または受け入れた支援、可能なニーズとギャップ等に関する情報を審議し、必要に応じて更なる行動を推奨すること（第 20 段落 a ～ e 項）である。

カンクン合意は、適応委員会の構成、あり方及び手続きに関する締約国の見解を提出するよう要請した。AWG-LCA が、各締約国によって提出された意見を整理し、適応委員会の成立と実施に関する条項は COP17 において採択することを目標とした（第 21-23 段落）。また、同合意は、必要に応じて AWG-LCA が適応委員会と UNFCCC、外部のその他の国家や地域レベルを含む関連制度間のリンケージを定義するよう要請した（第 24 段落）。さらに、ワークショップや専門家会合を通じて、途上国において気候変動の悪影響がもたらす損失と被害に対応する手段を検討する作業計画の設立が決定された（第 26 段落）。損失と被害に関する問題は COP18 において重要な議題の一つとして交渉が行われ、関連決定が採択された。

またカンクン合意は、必要に応じて、締約国が国家および地域の適応行動を促進するために、先進国及び関連機関の支援を受けて、途上国において地域センターの設立とネットワークを構築し、地域の利害関係者間の協力と協調を奨励するとともに、条約プロセスと、国や地域の活動間の情報伝達の改善を要請した（第30段落）。一方で、透明性と信憑性を確保するため、途上国での適応行動のために提供または受け入れた支援、途上国における適応行動の進捗状況、経験、教訓、挑戦及び改善点に関して既存の経路を利用して情報を提出することが決定された（第33段落）。さらにカンクン合意は、関連する多国間、及び国家機関、公共部門、民間部門、市民社会及びその他の利害関係者すべてのレベルで適応行動の強化を支持し、気候適応枠組の活動を含め、各プロセス間での相乗効果を構築するとともに、進捗状況に関する情報が利用できるようにするよう要請した（第34段落）。

## 二．緑の気候基金の創設と制度の基本設計

カンクン合意では、途上国の行動を支援するためGCFの設立が決定された（第102段落）。途上国による適応行動に対し、新規の多国間資金供与は相当な割合で当基金を通じて行われることが合意された（第100段落）。さらに、先進国、途上国からそれぞれ同数、合計24名からなる理事会で基金の運営を担当し、独自の事務局を通じて管理することが決定された（第103段落）。GCFの運用に関しては、金融資産を管理する能力を持つ受託者（trustee）を必要とし、基金の受託者がGCF理事会の関連決定に準拠して資産を管理するよう定めた（第104-105段落）。カンクン合意では、世界銀行を「暫定受託者」（interim trustee）として機能させ、基金の運用開始から3年後に見直しするよう要請された（第106段落）。また、GCFの制度設定は暫定委員会が担当することとなった。暫定委員会は、先進国から15名、途上国から25名、合計40名の委員によって構成される（第109段落）。

GCF の制度設計に当たって、カンクン合意は、UNFCCC 事務局が締約国会議の議長と協議したうえ、関連の国連機関、国際金融機関及び多国間開発銀行による職員の推薦、暫定委員会の作業への協力に関する取り決めを作成することを要請した（第 111 段落）。さらに、気候変動資金の提供、資金メカニズムの合理化、資金源の確保、途上国に提供された支援への測定、報告及び検証などに関する一貫性と整合性を改善する、締約国会議を支援する常設委員会の設置が決定された（第 112 段落）。

GCF の発足について決定 3/CP.17 が採択された。決定 3/CP.17 では、GCF が条約における資金メカニズムの運営主体と指定され（第 3 段落）、適応と緩和活動に対するバランスの取れた資源の配分を要請された（第 8 段落）。また、GCF が必要な場合に適応委員会、TEC やその他の条約機関と協力するプロセスを開始し、GCF とこれらの機関との関係性を定義するよう、GCF 理事会に対して要請がなされた（第 17 段落）。なお、決定 3/CP.17 は GCF の暫定事務局の設置（第 18-22 段落）、暫定事務局長、GCF ホスト国の選定基準を定めた（第 22 段落）。また、決定 3/CP.17 では、GCF の運営方針を決定し、目標、基本理念、運営と制度上の取り決め、事務的支出、資金の投入、運用モダリティ、財政的な手段、監視、評価と信託の基準などについて定められた。

「適格性」（eligibility）、すなわち GCF の利用資格に関していえば、条約のすべての途上国は資金の支援を受けることができる。GCF は適応、緩和（REDD プラスを含む）、技術開発と技術移転（CCS を含む）、能力構築、そして途上国による国別報告書の作成の強化などの行動を促し、支持する活動の合意されたすべて、または増分費用に対して資金を拠出する。なお、GCF は途上国の気候変動戦略と計画に従って、プロジェクト・ベースとプログラムに基づいた手法を支援する。例えば、「低排出開発戦略と計画」、NAMAs、「国家適応行動計画」（National Adaptation Plans of Action、略称 NAPAs）、NAPs とその他の関連行動を支持する（第 35-36 段落）。

GCF 理事会は、成果に対する監視と評価、基金によって支援された行動の財政的責任、そして必要なすべての外部監査のための枠組を確立するよう要請した。理事会は、基金の事務的予算及び成果の評価と監査に関する手配を審査し承認するとともに、COP の指導を受け入れ、それに応じて措置を執り、COP に対して年次活動報告書を作成することが定められた。また、理事会も、条約の下におけるその他の関連機関や国連制度との作業と連携協定の締結を促し（第 18 段落）、基金の運用モダリティに関して、GCF が時間とともに進化し、気候変動資金の主要な基金となることを目指す（第 32 段落）とした。また、理事会は財政的、技術的能力をより向上させるために、GCF の行動とその他の関連する二国間、地域、グローバルな資金メカニズムと制度間の補完性を促進する方法を開発する（第 34 段落）ことを定めた。

GCF は、自らの制度構築と運用において、UNFCCC の下のみならず、その他の関連制度との整合性、また様々な関連機関間との連携と協力の強化を必要とする。この目標を実現するために、GCF 理事会や締約国会議の行動が強調されている。

## 三.「技術実施委員会」、「気候技術センター・ネットワーク」と能力構築の目的と機能（2010 年・カンクン合意）

TEC は、緩和と適応技術の開発と移転に関する政策と技術需要の関連情報を提供し、また技術問題を分析する機能を持つとされた（合意第 121 段落）。また、CTC&N は、国家、地域、産業部門及び国際的な技術、ネットワーク、組織などから成るネットワークを促すものであるとされた。特に、既存の技術と新たな環境親和的技術の開発と移転、及び民間部門、公共機関、学術・研究機関の技術協力機会を促進するよう定められた（第 123 段落）[305]。

また、能力構築については、緩和策、適応策、技術開発と移転及び資金の獲得を強化するには不可欠の部分であるとして合意された。カンクン合意では、先進国と途上国が能力構築に関するそれぞれの行動、進捗及び実績を国別報告書に記載するよう求められている（第 132、第 134 段落）。

## 四. ドーハ・クライメイト・ゲートウェイにおける資金問題に関する取り決め（2012年・COP18）

UNFCCCにおける長期的協力と行動について、資金問題に関する四つの決定が採択され、COP18では大きな進展を見せた。まず、「長期的資金に関する作業計画」では、2020年までに有意義な緩和行動と実施に関する透明性の向上という文脈で、年間100億米ドルを拠出する経路の確認と、途上国における気候変動資金の運用と有効な実施を促す環境と政策枠組の強化について、先進国または締約国に周知する目的で、長期的資金の作業計画が2013年末まで1年間延長された（第2段落）[306)]。そして、「資金に関する常設委員会の報告」は、フォーラムの定期開催、資金の流れに対する2年ごとの評価と概要報告書の作成を含む作業計画を歓迎し、民間機関、金融機関及び学術機関による参加の促進を期待するとした（第4段落）[307)]。また、締約国が、韓国をGCFのホスト国として選定した理事会の決定を歓迎し、「GCFによる報告及び基金のガイダンス」では、緩和策と適応策の実施に対してバランスの取れたGCF資源の配分が強調された（第7段落）。さらに、ホスト国での事務局の設立、GCFの信託先の選定、適応委員会、TECと条約の下にあるその他の関連機関との協力を開始するとともに、GCFとこれらの関連機関との連携関係に対する位置づけなどについてGCF理事会に要請した（第7段落）。2012年年末の時点で、GCFにはすでに約1,000万ドルがGCFの運営予算として先進国から拠出または約束された（第11-13段落）。

また、ドーハ・クライメイト・ゲートウェイでは、資金問題が大きく取り上げられた。GCFの制度設計に関して、理事会に対する多くの事項が要請され、更なる基金の運用が途上国によって重視されている。特に、締約国はGCFに対して、UNFCCCに属する関連組織と、その他の地域や国際機関との間に協力関係の構築を促すよう求めている。

## 五. 技術実施委員会の作業報告及び気候技術センター・ネットワーク事務局の発足（2012年）

技術開発と移転の促進及びその障壁の撤廃に関して、TECは「技術ロードマップ」や「技術の需要に関する評価」を行い、関連する利害関係者との協議を重ねてきた[308)]。締約国は、TECと条約のその他の取り決めとのリンケージに関するモダリティの提案と意見を調整するため、UNFCCC条約の下、及び外部にある利害関係者との協議を継続する一方、適応委員会、GCF理事会と常設委員会を含む条約の下にある制度との協議を続けるとともに、CTC&Nの諮問会議との協議を開始するようTECに要請した（第3-7段落）。この背景には、技術の開発と移転が広範かつ多次元の課題であることが挙げられる。また、締約国は、技術の需要に関する評価はNAMAs、国家NAPsと低炭素発展戦略を含む条約のプロセス整合性が必要であることに同意した。さらに、締約国は、技術の需要に関する評価の実施を促すため、UNFCCC条約の下、及び外部の金融と経済界や資金源による出資を要請した。

また、CTC&Nの事務局は国連環境計画（United Nations Environment Programme、略称UNEP）のもとに置かれると決定された。CTC&NはUNFCCC技術メカニズムの実施制度であるとされ、COP18において同制度の発足について「UNFCCCとUNEPのCTC&Nのホストに関する覚書」が採択された。また、CTC&Nの諮問会議（Advisory Board of the Climate Technology Centre and Network）を設立し、制度における運営手順や、ルールなどを決定する権限が付与された。CTC&Nには、COPに対して年次共同報告書の提出が求められているため、報告書の作成手順に関してTECと協議するよう要請された。また締約国は同諮問会議を、途上国の要請に対するCTC&Nの対応の適時性と妥当性への評価、監視の手順とルールを受け入れると改めて表明した。このように、COP18を機に、条約の技術メカニズムの制度化であるTEC及びCTC&Nの運営に関する基礎が整備されていったのである。

注

305) “Triangular technology cooperation” とは、技術の開発と移転に関して三カ国間におけるパートナーシップ関係の構築を意味している。出典：カンクン合意第 123 段落、b 項と c-4 項。

306) Decision 4/CP.18, “Work Programme on Long-term Finance,” *Report of the Conference of the Parties on its Eighteenth Session, Held in Doha from 26 November to 8 December 2012,* FCCC/CP/2012/8/Add.1, UNFCCC, February 28, 2013, p.25.

307) Decision 5/CP.18, “Report of the Standing Committee on Finance,” *Report of the Conference of the Parties on its Eighteenth Session, Held in Doha from 26 November to 8 December 2012,* FCCC/CP/2012/8/Add.1, UNFCCC, February 28, 2013

308) “Report on Activities and Performance of the Technology Executive Committee for 2012,” FCCC/SB/2012/2, UNFCCC, October 18, 2012.

# 気候変動交渉に関する年表

## ―ポスト京都議定書の国際交渉（2005年2月～2016年12月）―

| 年月日 | 国際連合（UNFCCC） | その他の国際交渉 | 米中関係 |
|---|---|---|---|
| 2005年 | | | |
| 2月 | ・京都議定書正式発効 | | |
| 7月 | | ・APP成立<br>・APPビジョン声明発表 | |
| 11月 | | ・G8気候変動、クリーン・エネルギー及び持続可能な開発に関する対話第1回会合(ロンドン) | |
| 12月 | ・COP11（モントリオール）<br>・モントリオール行動計画採択 | | |
| 2006年 | | | |
| 1月 | | ・APP第1回閣僚会合（シドニー）<br>・APP憲章採択 | |
| 12月 | ・COP12(ナイロビ) | | |
| 2007年 | | | |
| 1月 | | ・EAS第2回会合<br>・EASセブ宣言発表 | |
| 7月 | ・IPCC、第4次評価報告書発表 | | |
| 9月 | | ・MEM第1回会合（ワシントン）<br>・APECシドニー宣言発表 | |
| 10月 | | ・APP第2回閣僚会合（ニューデリー） | |

| | | | |
|---|---|---|---|
| 11月 | | ・EAS第3回会合<br>・EASシンガポール宣言発表 | |
| 12月 | ・COP13(バリ島)<br>・バリ行動計画採択 | | |
| 2008年 | | | |
| 1月 | ・京都議定書第一約束期間開始（~ 2012年) | ・MEM第1回会合（ホノルル) | |
| 4月 | | ・MEM第3回会合(パリ) | |
| 6月 | | | ・SED 4<br>・TYF、エコ・パートナーシップ調印 |
| 7月 | | ・G8洞爺湖サミット<br>・G8エネルギー安全保障と気候変動に関する主要経済国首脳会合宣言発表 | ・米国、グリーン・ニューディール発表 |
| 12月 | COP14(ポズナン) | | |
| 2009年 | | | |
| 4月 | | ・MEF第1回準備会合(ワシントン) | |
| 5月 | | ・MEF第2回準備会合(パリ) | ・上院外交委員会委員長ジョン・ケリー氏、気候変動に関する二国間協力を強化するために訪中 |
| 6月 | | ・MEF第3回準備会合(メキシコ) | |
| 7月 | | ・G8地球温暖化対策に関する首脳宣言採択<br>・MEF首脳宣言発表 | ・S&ED 1<br>・エネルギー・気候変動関連協力覚書調印 |
| 9月 | | ・MEF第4回会合(ワシントン) | |
| 10月 | | ・MEF第5回会合(ロンドン)<br>・APP第3回閣僚会合（上海) | |

| | | | |
|---|---|---|---|
| | | ・BASIC 第1回閣僚会合（北京） | ・オバマ大統領訪中<br>・米中共同声明発表 |
| 11月 | | | ・クリーン・エネルギー共同研究センターに関する議定書調印<br>・気候変動への対応における能力構築協力に関する覚書調印 |
| 12月 | ・COP15（コペンハーゲン）<br>・コペンハーゲン合意作成 | | |
| 2010年 | | | |
| 1月 | | ・BASIC 第2回閣僚会合（ニューデリー） | |
| 4月 | | ・MEF 第6回会合（ワシントン）<br>・BASIC 第3回閣僚会合（ケープタウン） | |
| 5月 | | | ・S&ED 2<br>・エコ・パートナーシップ実施計画発表 |
| 6月 | | ・MEF 第7回会合（ローマ） | |
| 7月 | | ・BASIC 第4回閣僚会合（リオ・デ・ジャネイロ） | |
| 9月 | | ・MEF 第8回会合（ニューヨーク） | |
| 10月 | | ・BASIC 第5回閣僚会合（天津） | |
| 11月 | ・COP16（カンクン）<br>・カンクン合意採択 | ・MEF 第9回会合（ワシントン） | ・オバマ大統領訪中<br>・米中共同声明発表 |
| 2011年 | | | |
| 1月 | | | ・胡錦濤国家主席訪米<br>・米中共同声明発表 |
| 2月 | | ・BASIC 第6回閣僚会合（デリー） | |

| | | | |
|---|---|---|---|
| 4月 | | ・MEF 第10回会合（ブラッセル） | |
| 5月 | | ・BASIC 第7回閣僚会合（ジンバリ） | ・S&ED 3<br>・TYF、エコ・パートナーシップ実施計画発表 |
| 8月 | | ・BASIC 第8回閣僚会合（イニョチン） | |
| 9月 | | ・MEF 第11回会合（ワシントン） | |
| 11月 | ・COP17（ダーバン）<br>・ダーバン合意採択 | ・MEF 第12回会合（ブラッセル）<br>・BASIC 第9回閣僚会合（北京） | |
| 2012年 | | | |
| 2月 | | ・BASIC 第10回閣僚会合（ニューデリー） | |
| 4月 | | ・MEF 第13回会合（ローマ） | |
| 5月 | | | ・S&ED 4 |
| 7月 | | ・BASIC 第11回閣僚会合（ヨハネスブルク） | |
| 9月 | | ・MEF 第14回会合（ニューヨーク）<br>・BASIC 第12回閣僚会合（ブラジリア） | |
| 12月 | ・COP18（ドーハ）<br>・ドーハ一括案採択 | ・BASIC 第13回閣僚会合（北京） | |
| 2013年 | | | |
| 1月 | ・京都議定書第二約束期間開始（2013年～2020年） | | |
| 2月 | | ・BASIC 第14回閣僚会合（チェンナイ） | |
| 4月 | | ・MEF 第15回会合（ワシントン）<br>・G8外相会合議長声明、気候変動に言及（ロンドン） | ・気候変動に関する米中共同声明発表 |

| | | | |
|---|---|---|---|
| 6月 | | ・BASIC 第15回閣僚会合（ケープタウン） | ・習近平国家主席訪米<br>・米中共同声明発表<br>・温室効果ガス（HFCs）の削減への協力で一致<br>・オバマ大統領、気候変動行動計画を発表 |
| 7月 | | ・MEF 第16回会合（クラクフ） | ・S&ED 5<br>・エコ・パートナーシップ実施計画発表 |
| 9月 | ・IPCC、第5次評価報告書発表 | ・MEF 第17回会合（ニューヨーク）<br>・BASIC 第16回閣僚会合（フォス・ド・イグアス） | |
| 10月 | | ・BASIC 第17回閣僚会合（杭州） | |
| 11月 | ・COP19（ワルシャワ）<br>・カンクン適応枠組の下に気候変動の悪影響に関する損失・被害のためのワルシャワ国際メカニズムの設立に合意 | | |
| 2014年 | | | |
| 5月 | | ・MEF 第18回会合（メキシコシティ） | |
| 7月 | | ・MEF 第19回会合（パリ） | |
| 8月 | | ・BASIC 第18回閣僚会合（ニューデリー） | |
| 9月 | | ・MEF 第20回会合（ニューヨーク） | |
| 10月 | | ・BASIC 第19回閣僚会合（サンシティ） | |
| 11月 | | ・APEC 首脳会談；米中共同声明発表（北京） | ・米中共同声明発表；それぞれの国内排出削減目標（INDC）を発表 |

| | | | |
|---|---|---|---|
| 12月 | ・COP20(リマ)<br>気候行動のためのリマ声明採択 | | |
| 2015年 | | | |
| 3月 | | | ・米国によるINDCの提出 |
| 4月 | | ・MEF第21回会合（ワシントン） | |
| 6月 | | ・BASIC第20回閣僚会合(ニューヨーク) | ・中国によるINDCの提出 |
| 7月 | | ・MEF第22回会合（ルクセンブルグ） | |
| 9月 | | ・MEF第23回会合（ニューヨーク） | ・習近平国家主席訪米<br>・米中共同声明発表；中国全国排出権取引制度を2017年中にスタートさせると表明<br>・米中第1回リーダーズ・サミット開催（ロサンゼルス） |
| 10月 | | ・BASIC第21回閣僚会合(北京) | |
| 11月 | ・COP21(パリ) | | ・米中両国が二大排出国としての指導力を発揮するよう、会議を成功させる必要性を強調(パリ) |
| 12月 | ・パリ協定採択 | | |
| 2016年 | | | |
| 3月 | | | ・習近平国家主席訪米<br>・米中共同声明発表；パリ協定についてそれぞれの国内締結・批准を早期に完了させ、協定の早期発効を目指すと表明 |
| 4月 | ・パリ協定署名式（ニューヨーク） | ・BASIC第22回閣僚会合(ニューデリー)<br>・MEF第24回会合（ニューヨーク） | |

| | | | |
|---|---|---|---|
| 6月 | | | ・米中第2回リーダーズ・サミット開催(北京) |
| 9月 | | ・G20首脳会合(杭州)<br>・MEF第25回会合(ニューヨーク) | ・米中両国が共同でパリ協定の国内批准・締結を発表 |
| 11月 | パリ協定発効(11/4)<br>・COP22(マラケシュ) | | |

出典：筆者作成。

■著者紹介

鄭　方婷(チェン　ファンティン)

1982年生まれ。国立台湾大学政治学科卒業。東京大学法学政治学研究科修士課程及び博士課程修了（法学・学術）。2014年より日本貿易振興機構（ジェトロ）アジア経済研究所新領域研究センター法・制度研究グループ研究員。専門は、国際政治、環境分野のグローバル・ガバナンス。著作に「パリ協定――気候変動交渉の転換点」（『アジ研ワールド・トレンド第246号、2016年』）、The Strategic Partnerships on Climate Change in Asia-Pacific Context: Dynamics of Sino-U.S. Cooperation（共著、Springer社、2015年）、『京都議定書後の環境外交』(三重大学出版会、2013年)など。

**重複レジームと気候変動交渉：米中対立から協調、そして「パリ協定」へ**

The Formation of Complementary Relationships among Overlapping Regimes: Negotiations on Climate Change, U.S.-China Relations, and the Paris Agreement

2017年3月19日　第1刷発行

著　者　鄭　方婷　©CHENG, Fang-Ting, 2017
発行者　池上　淳
発行所　株式会社 **現代図書**
〒252-0333　神奈川県相模原市南区東大沼2-21-4
TEL　042-765-6462（代）　FAX　042-701-8612
振替口座　00200-4-5262　ISBN　978-4-434-23088-2
URL　http://www.gendaitosho.co.jp　E-mail　info@gendaitosho.co.jp
発売元　株式会社 **星雲社**
〒112-0005　東京都文京区水道1-3-30
TEL　03-3868-3275（代）　FAX　03-3868-6588
印刷・製本　モリモト印刷株式会社